Curso básico de...

Astronomía

Curso básico de...

Astronomía

EDICIONES OMEGA

Para mentes curiosas

A DORLING KINDERSLEY BOOK
www.dk.com

La edición original de esta obra
ha sido publicada en inglés con el título
A little course in... Astronomy

Traducción **Manuel Pijoan**

Editora senior Helen Fewster
Editor de arte senior Alison Shackleton
Director editorial Penny Warren
Localizador de imágenes Sarah Hopper
Diseñadora senior de la cubierta Nicola Powling
Diseñadora de la cubierta Rosie Levine
Responsable senior de preproducción Tony Phipps
Director de producción Alex Bell
Director de arte Jane Bull
Editora Mary Ling

DK India
Editor Ligi John
Asistente editorial Neha Ruth Samuel
Editora de arte senior Ira Sharma
Editora de arte Anjan Dey
Asistente del editor de arte Pallavi Kapur
Directora editorial Alicia Ingty
Directora de arte Navidita Thapa
Director de preproduction Sunil Sharma
Maquetador Rajdeep Singh, Neeraj Bhatia

Autor Robert Dinwiddie

Tercera reimpresión: enero de 2022

www.ediciones-omega.es

Este libro ha sido editado y maquetado en España.

ISBN 978-84-282-1628-9

Contenidos

1 Primeros pasos

2 Seguir avanzando

3 Llegar más lejos

NOTA DEL EDITOR
Mirar el Sol a simple vista, con prismáticos o con un telescopio puede dañar la vista. En las páginas 160 y 161 se dan consejos de cómo mirar el Sol de un modo seguro. El autor y los editores no pueden aceptar responsabilidad alguna por los lectores que no sigan estos consejos. Si se modifican cámaras u otros instrumentos, puede que la garantía del fabricante deje de ser válida, así que los lectores que lo hagan, lo harán bajo su propio riesgo.

Construya su curso

Este curso se divide en tres partes. "Primeros pasos" le introducirá en el cielo nocturno, concentrándose en objetos que pueda ver a simple vista. "Seguir avanzando" le explicará lo que puede verse con prismáticos, mientras que en "Llegar más lejos" aprenderá sobre los objetos que se ven mejor con un telescopio.

Técnicas de observación y actividades

En cada capítulo hallará información sobre objetos astronómicos o fenómenos concretos para buscar en el cielo nocturno, tales como la Luna, un planeta específico, un cometa brillante, un eclipse o un objeto concreto del cielo profundo. También encontrará consejos sobre cuándo y dónde podrá ver estos objetos o acontecimientos específicos, así como qué debe buscar cuando los vea, además de consejos sobre técnicas de observación y sobre cómo navegar por el cielo nocturno.

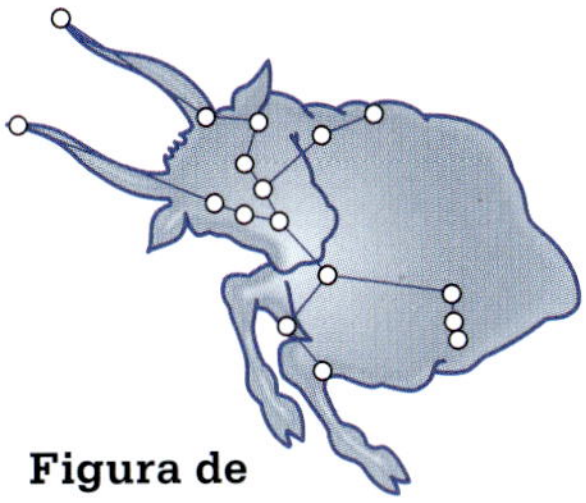

Figura de la constelación de Tauro

Constelaciones clave

En cada capítulo también encontrará muchos artículos a doble página sobre las constelaciones más importantes. Cada una de ellas incluye una figura y un mapa estelar de la constelación en el que se indican los objetos más interesantes, así como diagramas "localizadores" para saber cuándo y dónde debe observar la constelación en el cielo nocturno. Algunas constelaciones descritas sólo son visibles por los observadores de un único hemisferio (el sur o el norte), pero muchas de ellas pueden ser observadas por astrónomos aficionados de ambos hemisferios.

Diagrama localizador de Tauro

Nebulosa del Cangrejo en Tauro

¿Cómo funciona?

Además de los distintos ejercicios de observación y descripciones basadas en constelaciones, consulte la información contextual –así como explicaciones concisas de cómo funcionan varios fenómenos astronómicos- en las "Guías rápidas" distribuidas por todo el libro. Así por ejemplo, hay guías rápidas de todos los planetas brillantes, el Sol y la Luna, de estrellas, de cometas y de la Galaxia de la Vía Láctea. También encontrará muchos diagramas en los que se explica todo tipo de cosas, desde órbitas de satélites hasta los diferentes tipos de eclipse solar.

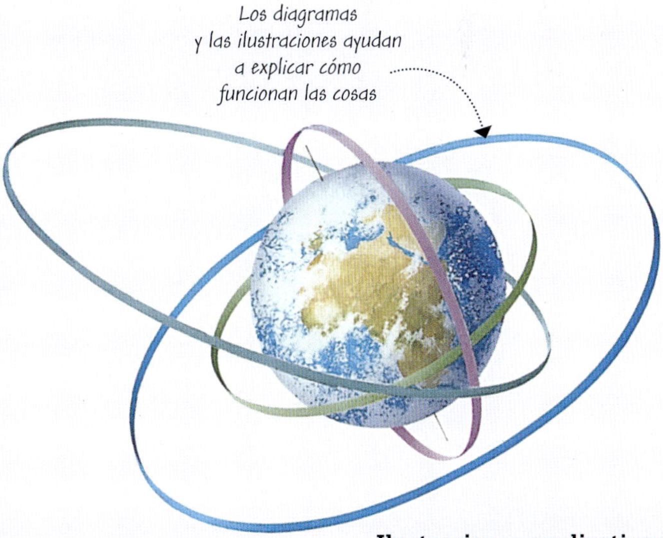

Ilustraciones explicativas

Nuestro lugar en el espacio

Nuestro planeta viaja por una entidad ilimitada y tridimensional denominada "espacio". El espacio está casi vacío, pero a distancias variables de la Tierra también existen enormes números de otras concentraciones de materia: planetas, estrellas y galaxias. Estos objetos y el vacío que los separa se conocen como "El universo". La astronomía es el estudio de estos objetos.

¿Dónde empieza el espacio?

No existe un límite bien definido entre la atmósfera de la Tierra y el espacio, sino una fusión gradual entre ambos. Incluso a mil kilómetros por encima de la superficie de la Tierra, en la denominada exosfera, hay trazos de atmósfera terrestre. Aún así, la región dentro de la cual orbitan los satélites más bajos suele considerarse "espacio exterior". Este comienza a unos 200 km de la superficie terrestre.

El panorama completo

El universo es inmenso –de hecho es posible que su tamaño sea infinito– y todo lo que hay en él forma parte de algo más grande. Una manera de tener una idea del tamaño del universo es utilizar una serie de pasaderas astronómicas como las que aquí se muestran: de nuestro planeta al Sistema Solar que contiene nuestro planeta, a la Galaxia de la Vía Láctea y así sucesivamente. Las mayores estructuras conocidas del universo son las ristras de supercúmulos de galaxias, que se extienden miles de millones de años luz a través del espacio.

Los **años luz** se utilizan para describir grandes distancias en el espacio. Un año luz es la distancia que recorre la luz en un año a través de un espacio vacío; equivale a justo un poco menos de 10 trillones de km.

Nuestro lugar en el Universo

Nuestro vecindario en el espacio es el Sistema Solar, el cual comprende el Sol, ocho planetas y muchos otros objetos más pequeños –tales como asteroides, cometas y satélites planetarios– que orbitan alrededor del Sol.

El Sistema Solar

Los objetos del Sistema Solar se clasifican en diferentes grupos que por lo general ocupan regiones diferentes. Los cuatro planetas rocosos (Mercurio, Venus, la Tierra y Marte) son los más cercanos al Sol. Más allá de Marte está el "cinturón de asteroides" o "cinturón principal", donde orbitan los asteroides rocosos. A continuación viene una región en la que orbitan cuatro planetas mucho más grandes: Júpiter, Saturno, Urano y Neptuno. Más allá de Neptuno se extienden vastas zonas ocupadas por cometas y otros objetos pequeños hechos de rocas y hielo: el cinturón de Kuiper y más allá, la nube de Oort.

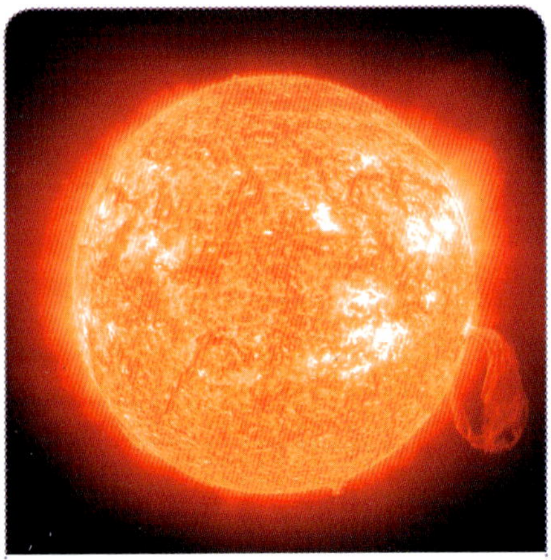

El Sol La estrella más cercana a nosotros

El Sol es una estrella de tamaño mediano, una enorme bola de gas caliente y luminoso que produce energía a partir de reacciones de fusión producidas en su núcleo o región central. Ha existido de esta forma durante unos 4,6 mil millones de años y debería continuar así durante otros 5 mil millones de años, aproximadamente.

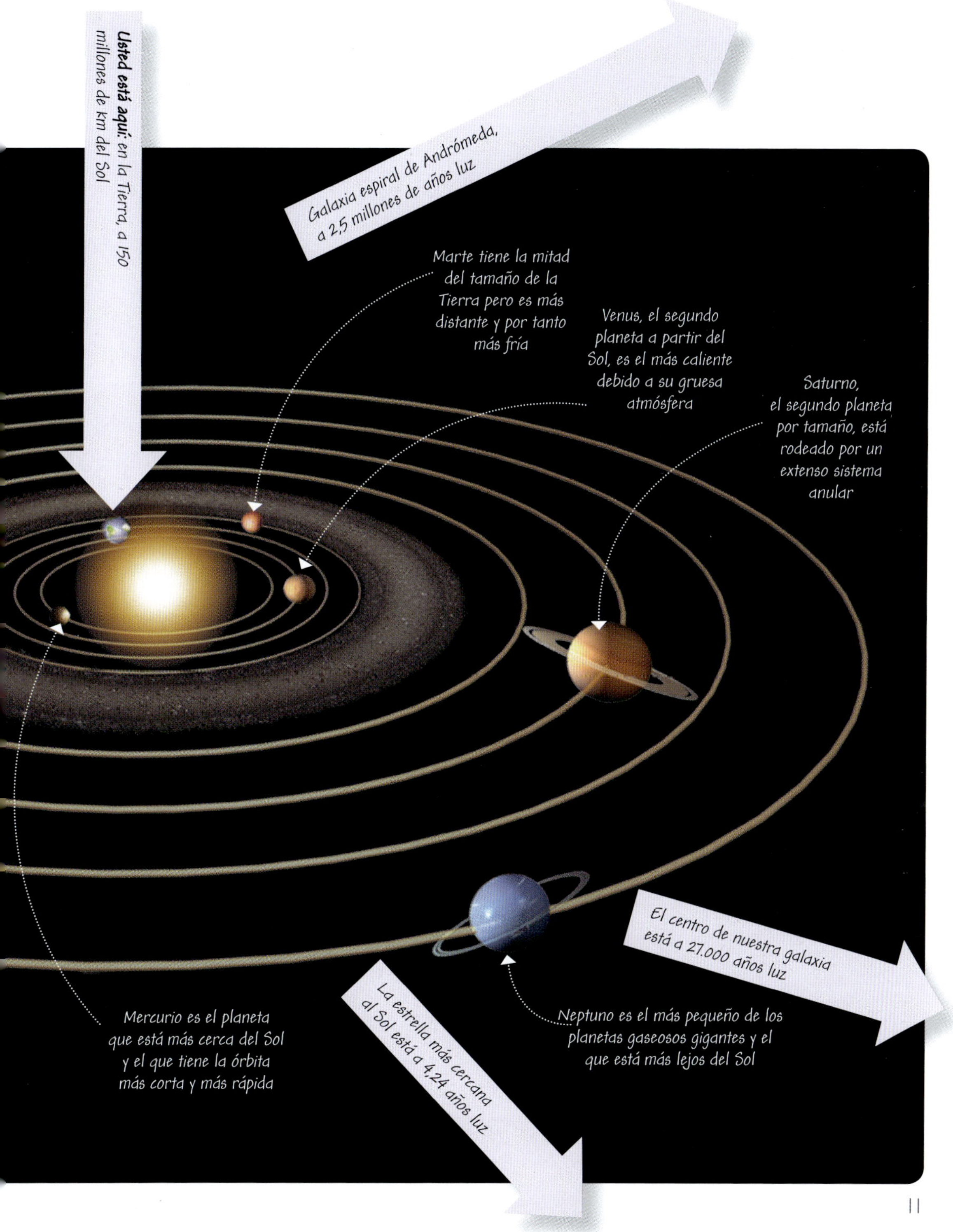
Usted está aquí: en la Tierra, a 150 millones de km del Sol
Galaxia espiral de Andrómeda, a 2,5 millones de años luz
Marte tiene la mitad del tamaño de la Tierra pero es más distante y por tanto más fría
Venus, el segundo planeta a partir del Sol, es el más caliente debido a su gruesa atmósfera
Saturno, el segundo planeta por tamaño, está rodeado por un extenso sistema anular
El centro de nuestra galaxia está a 27.000 años luz
Mercurio es el planeta que está más cerca del Sol y el que tiene la órbita más corta y más rápida
La estrella más cercana al Sol está a 4,24 años luz
Neptuno es el más pequeño de los planetas gaseosos gigantes y el que está más lejos del Sol

La Tierra y sus vecinos más cercanos

Los cuatro planetas interiores del Sistema Solar –la Tierra, Marte, Venus y Mercurio– parecen muy diferentes en la superficie pero se formaron con los mismos materiales y tienen muchos rasgos en común. Los cuatro tienen un núcleo central rodeado de un manto y una corteza de roca rica en sílice.

Los planetas rocosos

Los planetas interiores se describen a menudo como "rocosos" o "terrestres" porque se formaron con rocas y metales. A medida que iban desarrollándose, los materiales más pesados como los metales se hundían hacia el núcleo y las rocas más ligeras ascendían hacia la superficie. Abrasado por el sol, Mercurio casi no tiene atmósfera, pero Venus y Marte están cubiertos con un manto de dióxido de carbono. Caso único, la Tierra es el único planeta con un aire rico en oxígeno y con agua líquida en su superficie.

El tamaño importa A lo largo del tiempo los planetas y los objetos que se desplazan por el cielo parecen cambiar de tamaño. Este tamaño aparente, o diámetro angular, se mide en grados, min. de arco o seg. de arco. 1° es 60 min. de arco y 1 min. de arco a 60 seg. de arco. El puño cerrado sostenido con el brazo extendido abarca unos 10°.

Mercurio

Venus

Nuestro satélite natural

La Tierra es el único planeta rocoso que tiene un gran satélite natural. La Luna se formó hace unos 4,5 millones de años, con la fusión de una nube de detritos después de que un pequeño planeta golpeara la Tierra. Los oscuros mares de la superficie de la Luna son llanuras de roca volcánica que se formaron cuando grandes impactos fracturaron la corteza del satélite, liberando enormes flujos de lava sobre su superficie. En torno a los mares hay unas tierras altas más pálidas que cubren antiguos cráteres. Como los planetas rocosos, se cree que la Luna tiene un núcleo de hierro parcialmente fundido. Nuestro satélite es el objeto más brillante del cielo después del Sol.

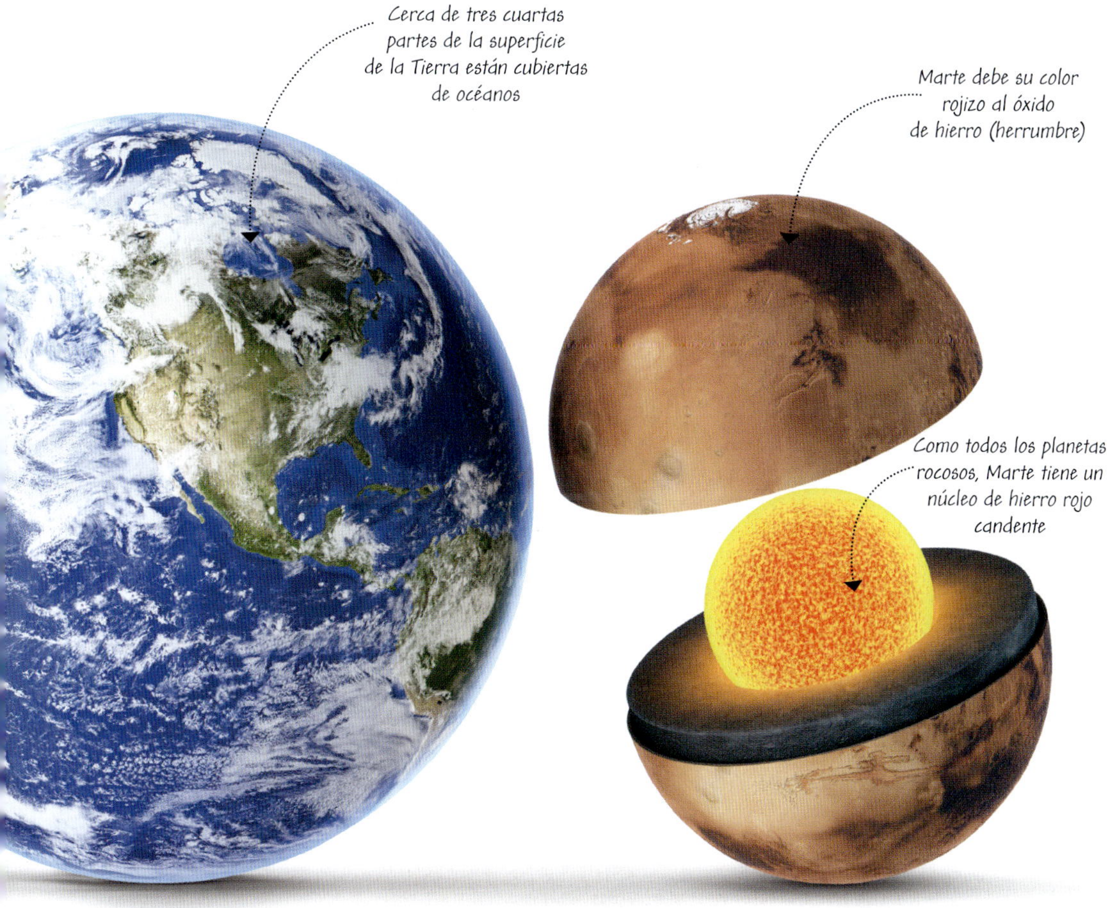

La Tierra

Marte

Gigantes gaseosos y asteroides

Más allá del cinturón de asteroides orbitan cuatro planetas gigantes: los gigantes gaseosos Júpiter, Neptuno, Saturno y Urano. Muy diferentes de los rocosos planetas interiores, estos extraños mundos son enormes globos de gases y líquidos compuestos por sustancias tales como hidrógeno, helio y metano.

Los planetas gigantes gaseosos

Son en su mayor parte líquidos y tienen pequeños núcleos sólidos. Su atmósfera es profunda y tormentosa y tiene anillos de rocas o fragmentos de hielo. Júpiter es el planeta de mayor tamaño, con una masa más del doble de la de todos los demás. Saturno, gira sobre su eje a tal velocidad que las nubes de su superficie se han estirado en bandas.

¿Qué fue del planeta Plutón?

Se descubrió en 1930, se le consideró noveno planeta. Pero en los últimos años los astrónomos han encontrado objetos similares a él en el Sistema Solar exterior y algunos son mayores. Así, en 2006 Plutón fue reclasificado como un planeta enano.

Júpiter

Neptuno

El cinturón de asteroides

Los asteroides son rocas gigantes que orbitan por el Sistema Solar interior. La mayoría se encuentran en un anillo situado entre Marte y Júpiter, pero en ocasiones algunos de ellos se acercan peligrosamente a la Tierra. Los más pequeños tienen el tamaño de una casa mientras que el tiene mayor también se clasifica como un planeta enano.

Saturno

Urano

¿Qué puede ver usted?

Con o sin prismáticos, hay muchísimo "espacio" para ver en el cielo nocturno. Tanto la Luna y los planetas como la Estación Internacional Espacial hacen apariciones periódicas pero usted también podrá ver estrellas e intentar detectar los dibujos que forman las constelaciones.

Las brillantes estrellas Cástor y Pólux

Una noche despejada

Es asombroso lo que se puede ver en apenas una parte del cielo nocturno. Esta vista hacia el Suroeste, observada en Europa una noche de marzo, tiene como elemento central la magnífica constelación de Orión. Encima de Orión y a su derecha está el planeta Júpiter –uno de los varios planetas visibles a lo largo del año– y dos rutilantes cúmulos estelares, las Híades y las Pléyades. No lejos de Orión está Sirio, la estrella más brillante del cielo. Con unos prismáticos, una vez sepa dónde debe mirar, podrá ver más tipos de objetos, e incluso galaxias que se extienden más allá de la nuestra.

Parte de la constelación de Hidra

La brillante estrella Proción

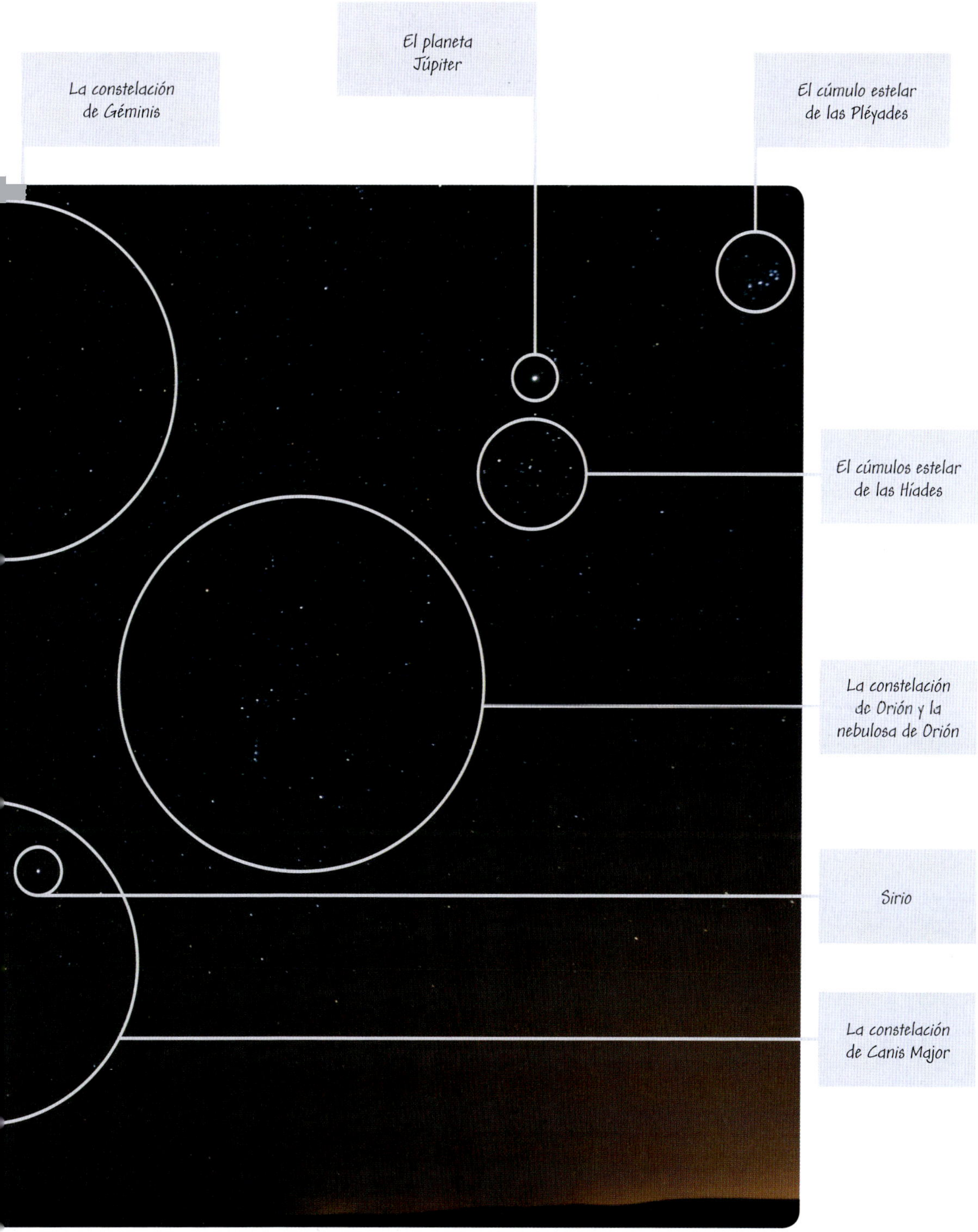
La constelación de Géminis
El planeta Júpiter
El cúmulo estelar de las Pléyades
El cúmulos estelar de las Híades
La constelación de Orión y la nebulosa de Orión
Sirio
La constelación de Canis Major

Fenómenos ocasionales

Algunos fenómenos astronómicos como las brillantes nebulosas (relucientes nubes de polvo), pueden verse durante cualquier noche despejada, siempre que uno sepa dónde mirar. Pero otros fenómenos son mucho más raros y puede que se tenga que esperar meses o años para presenciarlos. Fenómenos, como los eclipses, son predecibles con años o décadas de antelación, pero los cometas tienden a aparecer “desde la nada”.

Un acontecimiento infrecuente Puede que el último acontecimiento astronómico raro fuera un tránsito de Venus, cuando pudo verse pasando por delante del Sol. Tuvo lugar en 2012 y el próximo será el 2117.

Lluvia de estrellas fugaces

Los meteoros, o estrellas fugaces, destellan cada noche a través del cielo. Pero en distintas fechas del año nuestro planeta se topa con corrientes de polvo que provienen de objetos celestes tales como cometas, y cuando esto sucede pueden verse “lluvias” de meteoros. Presenciar una de estas lluvias es fácil: simplemente túmbese y mire el cielo (ver pp. 74-75).

Eclipse total de Sol

El eclipse total de Sol rara vez se ve desde cualquier punto concreto de la Tierra: para ver uno, ¡prepárese para viajar! Los eclipses parciales son mucho más comunes (ver pp. 32 y 90).

Brillantes cometas

De un modo impredecible y poco frecuente –una vez cada 5-10 años– aparece en el cielo un deslumbrante cometa durante unas cuantas semanas o incluso unos meses. Procure no perdérselo (ver p. 140).

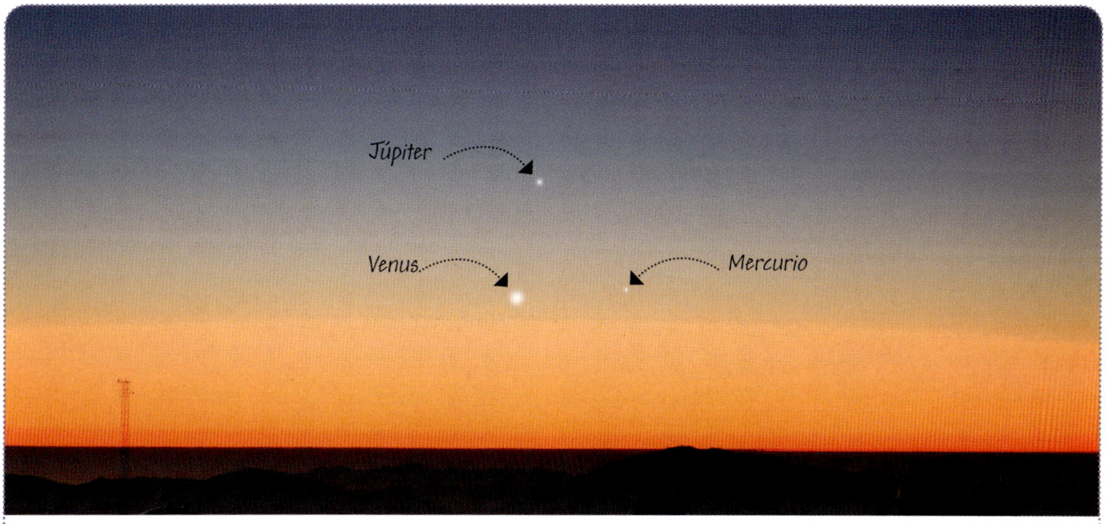

Conjunciones planetarias

Cada tanto tiene lugar un espectáculo impresionante, cuando varios de los planetas brillantes –Venus, Júpiter, Marte, Mercurio y Saturno– aparecen juntos en el cielo y "danzan" unos en torno a otros durante varias noches seguidas. Busque las fechas de las conjunciones planetarias y anótelas. Aquí, Júpiter, Mercurio y Venus están en conjunción al atardecer.

¿Qué puede ver **con un telescopio?**

El telescopio puede revelar un nuevo nivel de detalles en el cielo nocturno, pero sea realista acerca de lo que verá. Con un telescopio pequeño algunos objetos serán sólo como unos puntos de luz o unos pequeños discos borrosos, e incluso si se trata de un objeto grande, es improbable que revele colores espectaculares.

Lunas planetarias

Aunque no necesite un telescopio para ver la Luna, este instrumento le revelará muchos más detalles de su superficie. Con un telescopio pequeño también podrá ver las cuatro lunas o satélites de Júpiter (ver p. 152) y algunos de los de Saturno. Las dos imágenes de los satélites de Júpiter que se muestran arriba muestran la potencia del telescopio espacial Hubble en comparación con el instrumento de un aficionado.

Planetas lejanos

Aunque a veces Urano (arriba, izquierda) puede verse a simple vista como un pequeño puntito de luz, con un telescopio de tamaño moderado podrá visualizarlo como un pequeño disco azul. Aún más remoto es Neptuno (arriba a la derecha): con un telescopio es probable que sólo vea un diminuto punto azul. Para poder ver cualquiera de sus detalles, y más aún sus satélites, necesitará un telescopio grande y potente.

Galaxias lejanas

Unas pocas galaxias fuera de la nuestra son visibles a simple vista y unas cuantas más pueden verse con los prismáticos como objetos difusos. Si las examina con la óptica más potente que le ofrece un telescopio de aficionado puede que aprecie unos cuantos detalles más. Esta espectacular imagen de la galaxia del Cigarro (M82) se hizo utilizando una combinación de telescopios espaciales.

Lo que usted no verá

Los agujeros negros Dado que no hay luz alguna que se escape de ellos, estos objetos son invisibles por definición. Los astrónomos pueden detectar agujeros negros únicamente mediante la observación de los efectos que ejercen en otros objetos cercanos.

La materia oscura Se cree que constituye la mayor parte de la materia del Universo y una vez más, es invisible por definición ya que no emite luz ni ningún otro tipo de radiación. Por el momento, los científicos sólo están seguros de que la materia oscura existe pero no saben con certeza qué es.

Los exoplanetas Son planetas que orbitan alrededor de otras estrellas que el Sol. Hasta la fecha, los astrónomos han encontrado más de 900, pero estos planetas extrasolares sólo pueden verse –o con más frecuencia detectarse– con los instrumentos científicos más sofisticados.

Los primeros pasos

La buena noticia es que no necesitará un equipo muy especial para iniciarse en la astronomía. Para evitar frustraciones, consulte el parte meteorológico y elija una noche despejada sin Luna para su primera salida –¡a menos, obviamente, que tenga la intención de observar la Luna! Busque una buena ubicación desde la que pueda obtener las mejores vistas: elija un lugar alejado de la contaminación lumínica y con una vista despejada del horizonte.

Póngase cómodo

Tenga en cuenta que es probable que tenga que estar en el exterior durante largos períodos –a menudo durante noches frías– y mirando hacia arriba. Lleve la ropa apropiada y encuentre una posición cómoda. Hacen falta unos 20 minutos para que sus ojos se adapten a la oscuridad.

Luz roja

Una linterna de ledes rojos o una linterna normal cubierta con un filtro o un celofán rojos, es útil. Le permitirá ver lo que está haciendo mientras sus ojos continúan adaptados a la oscuridad.

Planear con anticipación

Para localizar con más facilidad objetos en el cielo nocturno, compre un planisferio celeste o una aplicación web de astronomía para teléfono inteligente o tableta (ver pp. 58-59).

Prismáticos o telescopio

Aunque a simple vista ya puede ver un montón de cosas, es posible que a la larga desee invertir en algún instrumento óptico (ver pp. 94 y 146).

Equipo adicional

Una brújula magnética para orientarse, a menos que usted ya sepa dónde están el Norte o el Sur, y para que también pueda identificar otros puntos de la brújula.

Ropa de abrigo cómoda incluidos una cazadora de abrigo a prueba de viento, un gorro de lana y unos guantes sin dedos, a menos que esté observando desde el trópico, en cuyo caso puede que necesite un repelente para mosquitos.

Una tumbona para estar cómodamente tumbado mientras observa el cielo; Alternativamente, una esterilla aislante y un colchón de espuma son útiles para estar tumbado plano.

Un cuaderno y un lápiz para tomar notas y hacer bocetos de lo que observa.

Un termo de café como ayuda para mantener el calor y para mantenerse despierto.

1

Primeros pasos

Este capítulo se centra en la astronomía de lo que puede apreciarse a simple vista, esto es, se concentra en los objetos y fenómenos del cielo nocturno que pueden observarse sin instrumentos ópticos. Entre ellos se incluyen la Luna, sus movimientos y fases; los planetas Júpiter y Venus; estrellas y constelaciones destacadas tales como Orión y la Cruz del Sur (Crux); lluvias de meteoros y estrellas fugaces; y eclipses solares y lunares. Aquí aprenderá a orientarse por el cielo nocturno mediante ejercicios de "saltos de una estrella a otra" y se familiarizará con el concepto de esfera celestial y con el uso del planisferio celeste, dispositivo que le ayudará a comprender los movimientos del cielo y a localizar objetos en el cielo nocturno.

La Luna llena poco después de salir por el horizonte oriental

Observación de **la Luna**

Pida a cualquier persona que designe un objeto familiar en el cielo nocturno y lo más probable es que mencione la Luna. La Luna es visible en la mayoría de noches despejadas desde cualquier parte del mundo, y es inconfundible. Aun así, ¿qué es lo que sabe de ella? Para empezar con rapidez su curso de astronomía intente llevar un diario lunar para aprender los movimientos de la Luna.

Seguimiento de la Luna hora tras hora

Elija una noche con Luna y observe este astro durante unas pocas horas. Verá que se mueve lentamente hacia el horizonte occidental, donde al final se pone. Este movimiento diario se debe a que la Tierra gira constantemente sobre su eje. La Tierra tarda 24 horas –un día– en completar su rotación; el efecto resultante es que la Luna parece desplazarse dentro y fuera de nuestra vista.

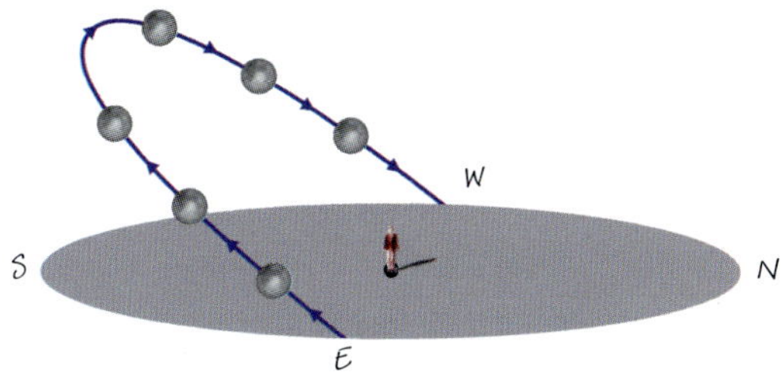

Recorrido de la Luna tal como se ve desde el hemisferio norte

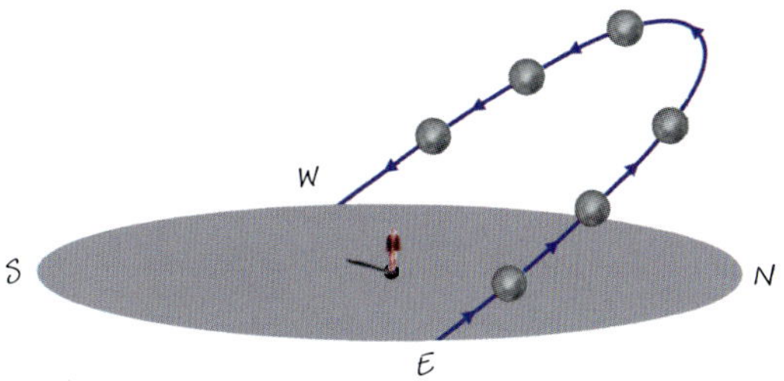

Recorrido de la Luna tal como se ve desde el hemisferio sur

Una Luna, dos hemisferios

La Luna sale por el Este y se pone por el Oeste, pero entre su salida y su puesta sus movimientos difieren según cuál sea su ubicación. Si la observa desde el hemisferio norte, verá que la Luna atraviesa el cielo del Sur pero si la observa desde el hemisferio sur verá que cruza el cielo del Norte. Las características de su superficie también difieren y así, en el hemisferio sur (como en p. 26) la Luna se visualiza al revés que en el hemisferio norte.

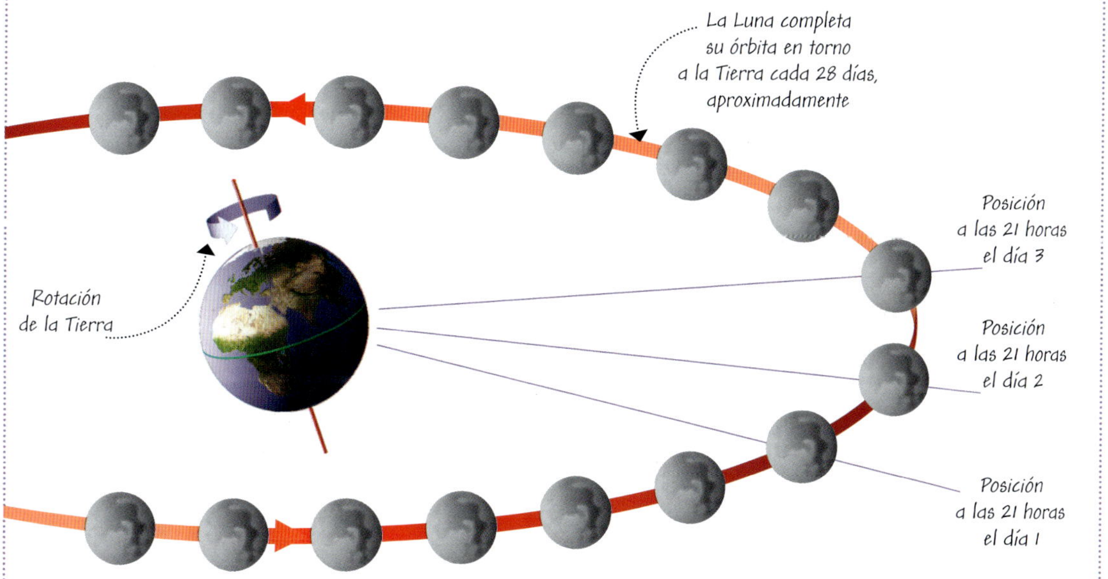

Rastrear la Luna día tras día

Tome nota de dónde está la Luna en el cielo una noche a una hora determinada, por ejemplo a las 21h, y búsquela de nuevo la noche siguiente exactamente a la misma hora. Descubrirá que se halla un poco más al Este: la rotación de la Tierra no la ha traído de vuelta exactamente allí donde estaba 24 horas antes. Este desplazamiento hacia el Este tiene lugar cada noche y se debe a que la Luna orbita alrededor de la Tierra. Cada 24 horas la Luna ha recorrido una pequeña parte de su órbita.

Fases de **la Luna**

Hasta ahora ha aprendido por qué la Luna se mueve a través del cielo de Este a Oeste –porque la Tierra gira– y también que se desplaza diariamente de Oeste a Este a medida que orbita en torno a la Tierra. Es debido a este movimiento orbital o revolución que la posición de la Luna en el cielo con respecto al Sol, según se ve desde la Tierra, va cambiando y es por eso que a lo largo de un mes la superficie de la Luna que está iluminada varía de cero a completamente iluminada. Los distintos aspectos visuales de la Luna durante este ciclo se denominan fases. En cada ciclo también hay cambios por lo que respecta a cuándo, y durante cuánto tiempo puede verse la Luna cada noche.

Primera mitad del ciclo lunar

Durante las noches 0 a 14 del ciclo lunar (en el hemisferio norte) cada noche aumenta la superficie de la Luna iluminada por el Sol: la Luna "crece". Cada noche que pasa, en el ocaso, se ve más al Este y luego se ve unos 50 minutos más que la noche anterior.

EL CIELO EN EL OCASO
Días 1 a 14

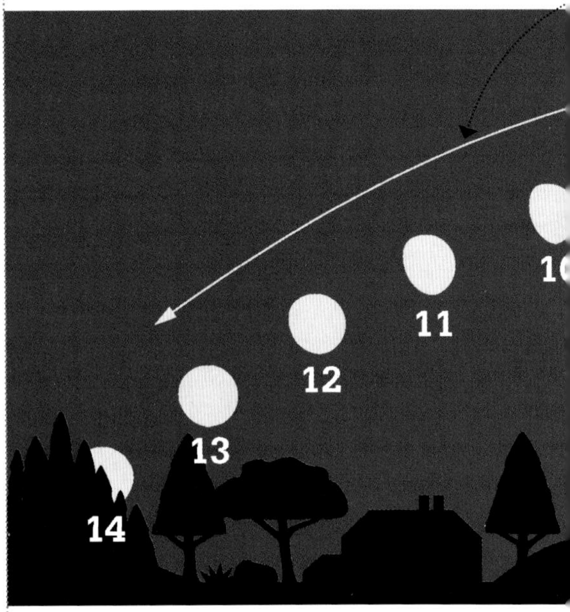

ESTE *Día 14: la Luna llena sale al anochecer*

Luna Nueva (día 0)

En esta fase la Luna se encuentra entre la Tierra y el Sol. La parte de la Luna que está frente a la Tierra está completamente en la sombra, y durante unos pocos días no puede verse.

Luna creciente (días 1 a 6)

Unos pocos días después la Luna se ha desplazado a una posición donde sólo una delgada franja está iluminada. La Luna es visible durante unas pocas horas cerca y después del ocaso.

Cuarto creciente (día 7)

Transcurridos siete días (aproximadamente un cuarto) del ciclo lunar, la mitad de la cara de la Luna aparece iluminada. En esta fase puede verse desde la tarde hasta medianoche.

Luna gibosa creciente (días 8 a 13)

La fase intermedia entre el Cuarto creciente y la Luna llena se llama “gibosa”. Puede verse desde el final de la tarde hasta la madrugada.

EL CIELO A LA SALIDA DEL SOL Días 15 a 28

Luna llena (días 14 y 15)

Vemos la Luna completamente iluminada cuando se halla en el lado opuesto de la Tierra desde el Sol. En esta fase es visible toda la noche, desde la puesta de sol hasta el orto.

Luna gibosa menguante (días 16 a 21)

La siguiente fase es la gibosa menguante. La Luna sale entre la puesta del sol y la medianoche y es visible hasta que se pone, 2 horas después del orto.

Luna gibosa menguante,
Durante esta fase la Luna es visible desde aproximadamente 1-5 horas antes de medianoche y hasta después de la salida del sol

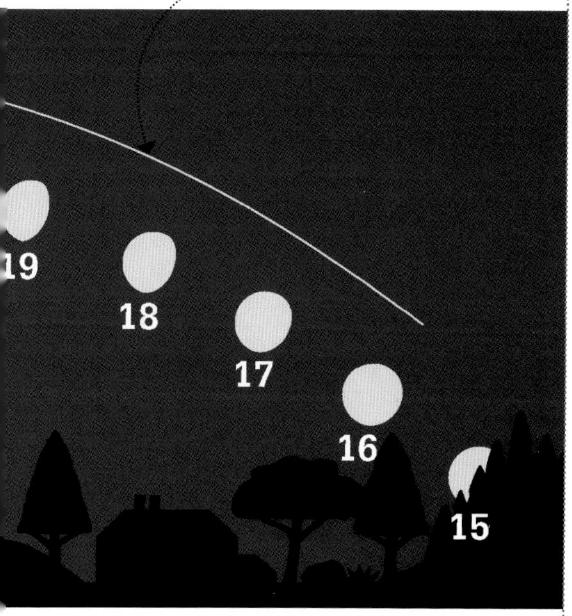

Día 15: la Luna llena se pone al amanecer **OESTE**

Segunda mitad del ciclo lunar

En la segunda mitad del ciclo lunar que comprende las noches 15 a 28 (que se muestra a la izquierda, una vez más para el hemisferio norte) en cada noche sucesiva la superficie de la Luna que está iluminada por el sol –según se ve desde la Tierra - disminuye gradualmente, es decir, mengua. Como su posición en el cielo se desplaza un poco hacia el Este cada 24 horas, durante esta parte del ciclo cada noche es visible durante unos 50 minutos menos que la noche anterior, porque el resplandor del Sol la difumina cada vez más..

Observadores del hemisferio sur

Si observa el desplazamiento de la Luna desde Sudamérica, Australia u otras partes del hemisferio sur, verá las cosas un poco diferentes. Aunque los cambios que tienen lugar durante el ciclo lunar son exactamente los mismos que los que ocurren en el hemisferio norte, usted verá la imagen especular de lo que ve un observador en el hemisferio norte. Así por ejemplo, en sus fases menguantes, desde el hemisferio sur la parte iluminada de la Luna aparece a la derecha, mientras que en el hemisferio norte aparece a la izquierda.

Cuarto menguante (día 22)

Transcurridas tres cuartas partes del ciclo lunar, la cara de la Luna vuelve a estar iluminada hasta la mitad. En esta fase, la Luna sale en torno a medianoche y es visible hasta mediodía.

Luna menguante (días 23–28)

Durante esta fase, la Luna sale unas pocas horas antes del amanecer. Una vez ha salido el Sol, no tarda en desaparecer de la vista debido al resplandor solar.

Observación de un **eclipse lunar**

Una o dos veces al año desde la mayoría de las partes del mundo suele haber una oportunidad para ver un eclipse lunar. Puede tratarse de un fenómeno espectacular, visible a simple vista, en el que la sombra entera de la Tierra cubre la Luna; ocurre cuando el Sol, la Tierra y la Luna están alineados, con la Tierra en medio. Véase la tabla inferior.

¿Cómo funcionan los eclipses lunares?

Durante algunas de sus órbitas alrededor de la Tierra, la Luna pasa por la sombra de la Tierra. Como todas las sombras, ésta varía en intensidad: la sombra completa se conoce como la "umbra" de la Tierra, mientras que su sombra parcial es su "penumbra". El eclipse penumbral tiene lugar cuando la Luna pasa por la penumbra de la Tierra, lo que se traduce en una leve atenuación de su luz. El eclipse parcial se produce cuando una parte de la Luna pasa por la umbra de la Tierra, y el eclipse total cuando la Luna entera pasa por la umbra.

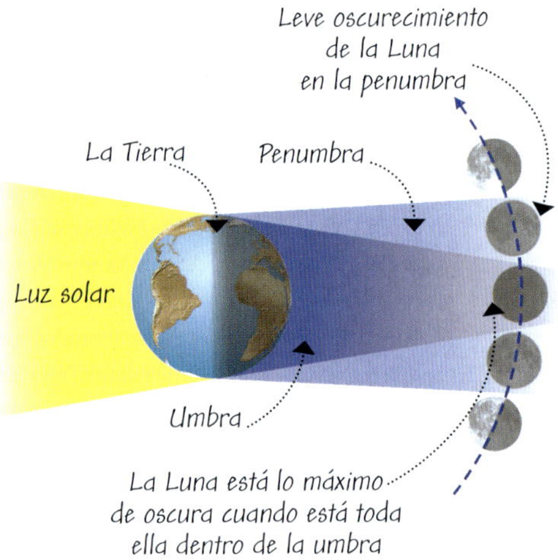

Eclipses lunares totales: fecha y lugar

Fecha	Lugar
15 de abril de 2014	Australia, el Pacífico, las Américas
08 de octubre de 2014	Asia, Australia, el Pacífico, las Américas
04 de abril de 2015	Asia, Australia, el Pacífico, las Américas
28 de septiembre de 2015	Pacífico Oriental, las Américas, Europa, África, Asia Occidental
31 de enero de 2018	Asia, Australia, el Pacífico, oeste de Norteamérica
27 de julio de 2018	América del Sur, Europa, África, Asia, Australia
21 de enero de 2019	Pacífico Central, América, Europa, África
26 de mayo de 2021	Este de Asia, Australia, el Pacífico, las Américas
16 de mayo de 2022	las Américas, Europa, África
08 de noviembre de 2022	Asia, Australia, el Pacífico, las Américas
14 de marzo de 2025	el Pacífico, las Américas, Europa occidental, África Occidental
07 de septiembre de 2025	Europa, África, Asia, Australia

Seguimiento de un eclipse lunar

Los eclipses lunares sólo se producen cuando la Luna está llena. El primer signo es un ligero oscurecimiento de la Luna, cuando ésta pasa por la penumbra de la Tierra. Durante los eclipses penumbrales –el tipo de eclipse menos espectacular– esto es todo lo que sucede. En otros tipos de eclipse, una región mucho más oscura se desplaza por la cara de la Luna mientras ésta pasa por la umbra de la Tierra (en esta fotografía con tomas a intervalos prefijados puede verse cómo sucede esto desde abajo izquierda). Durante los eclipses totales, que pueden tardar en torno a una hora en desarrollarse, la Luna adquiere una luminosidad rojo sangre tras pasar toda ella por la umbra de la Tierra (centro derecha en la fotografía). El enrojecimiento se produce porque hay un poco de luz solar que se refracta hacia la Luna desde la atmósfera de la Tierra. Acto seguido, la Luna va saliendo lentamente de la sombra de la Tierra.

Nota Hace unos 2.350 años –cuando se creía que el mundo era plano– Aristóteles postuló varios argumentos según los cuales la Tierra sería en realidad una esfera. Uno de ellos era que la sombra que se proyecta sobre la Luna durante un eclipse lunar tiene un borde curvado.

Comprender **cómo se mueven las estrellas**

Hasta ahora usted ha hecho el seguimiento de la Luna y ha aprendido cómo sus fases y su posición en el cielo se relacionan con su recorrido alrededor de la Tierra, con la rotación de la Tierra sobre su eje y con la revolución de la Tierra alrededor del Sol. Ahora investigaremos otros objetos como las estrellas y las constelaciones, pero primero le hará falta saber más sobre cómo y por qué las estrellas parecen desplazarse por el cielo.

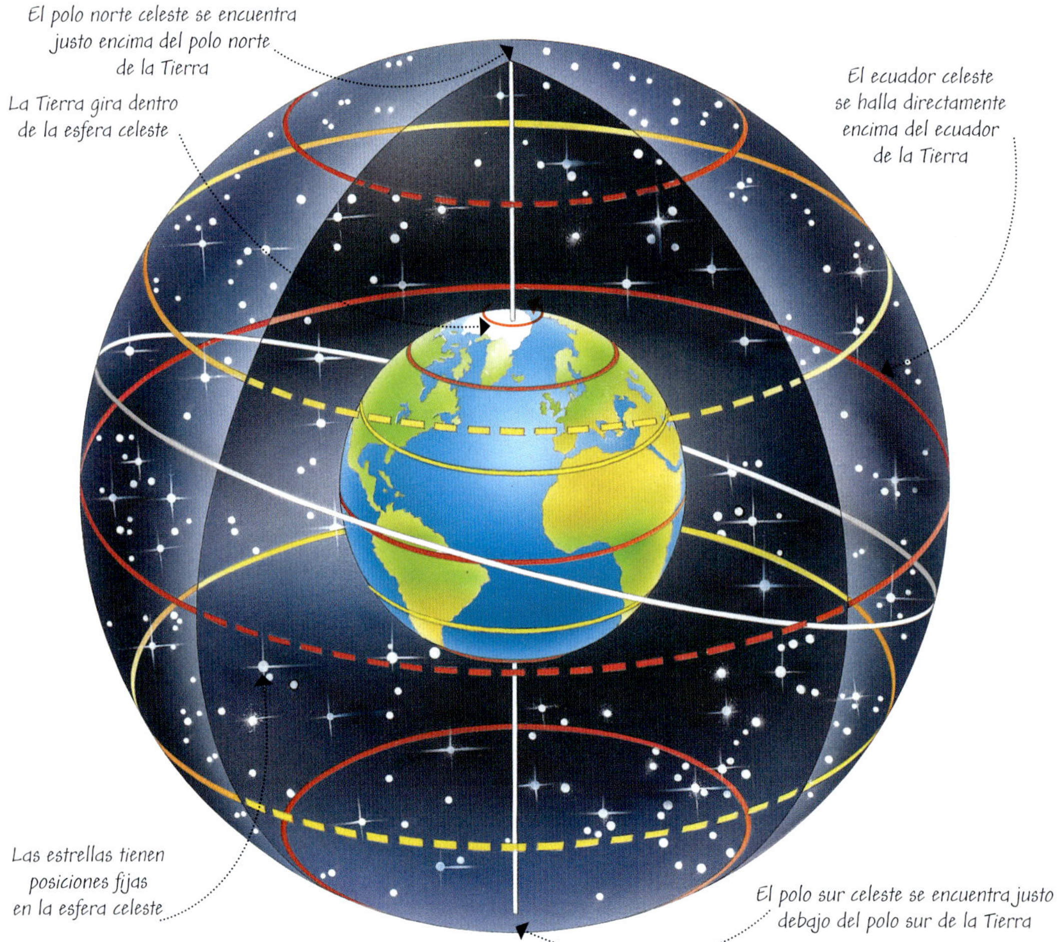

La esfera celeste

Imagine una esfera estática a modo de cascarón que rodea la Tierra y en la que todas las estrellas lejanas están incrustadas en posiciones fijas en el interior del cascarón. Este globo imaginario se conoce como la "esfera celeste"; muchas de sus características son equivalentes "celestes" de las de la Tierra, entre ellas los polos celestes norte y sur y el ecuador celeste.

Movimiento aparente de las estrellas

La Tierra gira continuamente sobre su eje dentro de la esfera celeste y esto significa que cuando uno mira hacia el cielo nocturno, ve diferentes patrones de movimiento estelar en función de la ubicación de las estrellas, ya sea en el polo norte, en el polo sur, en el ecuador o en algún punto intermedio.

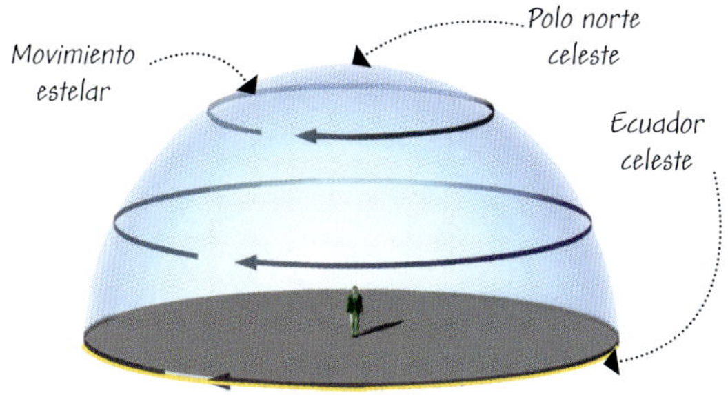

Mirando hacia arriba desde el polo norte

Las estrellas parecen girar en sentido antihorario en torno a un punto, justo encima del observador: el polo norte celeste. Las estrellas situadas en el horizonte parecen viajar por todo el horizonte.

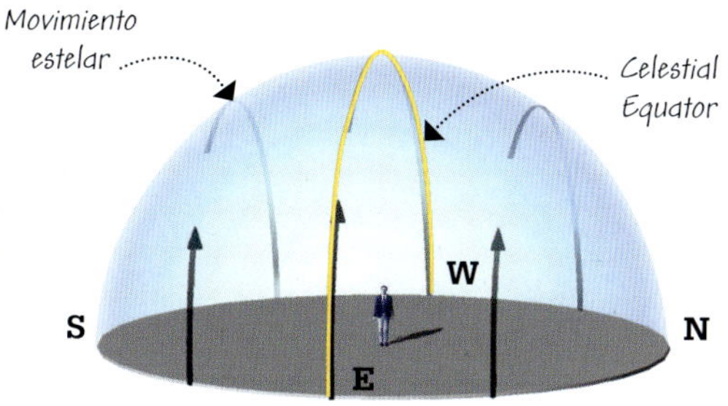

Mirando hacia arriba desde el ecuador

Las estrellas parece que salen verticalmente por el Este, trazan un arco por encima del observador y luego caen verticalmente para ponerse en el Oeste.

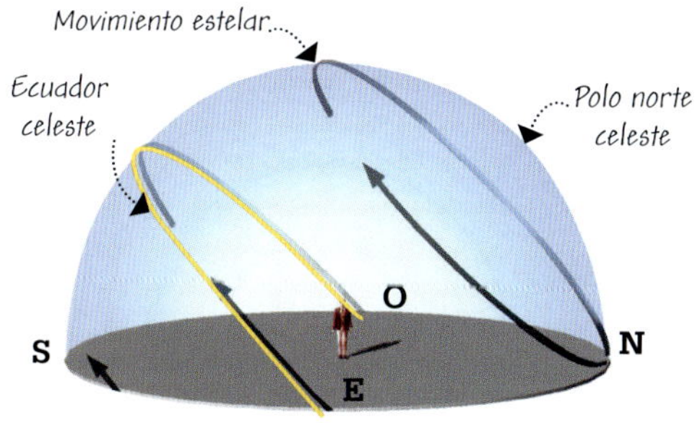

Desde latitudes intermedias (hemisferio norte)

La mayoría de estrellas salen por el Este, cruzan el cielo y se ponen por el Oeste. Pero las de la parte más septentrional del cielo giran en sentido antihorario en torno al polo norte celeste.

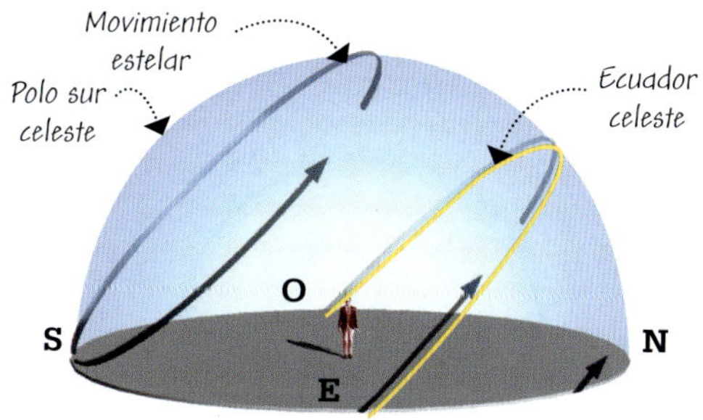

Desde latitudes intermedias (hemisferio sur)

La mayoría de estrellas salen por el Este, cruzan el cielo oblicuamente y se ponen en el Oeste. Pero las de la parte más meridional del cielo giran en sentido antihorario en torno al polo norte celeste.

Cartografiar el cielo

La esfera celeste puede dividirse en seis partes: dos secciones circulares en la parte superior y en la inferior, centradas en los polos celestes, y cuatro secciones en torno al centro, atravesadas horizontalmente por el ecuador celeste. Como las estrellas y otros objetos distantes tienen un lugar fijo en la esfera celeste, es posible trazar mapas de estas secciones que muestren las posiciones de dichos objetos. En las pp. 176-187 encontrará dos mapas del cielo polares y cuatro mapas ecuatoriales.

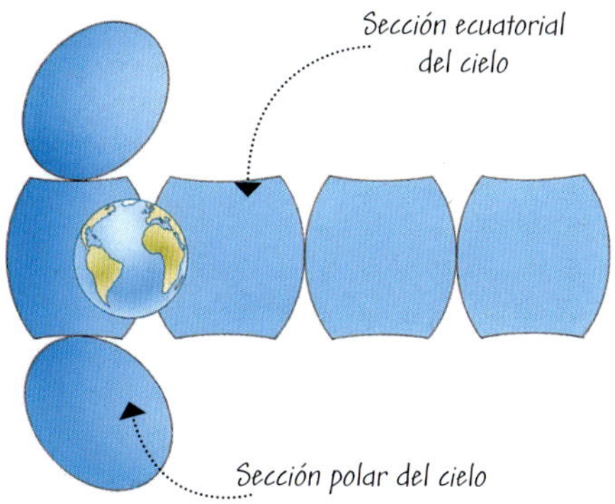

Constelaciones y asterismos

Desde aproximadamente 1930, los astrónomos dividen la esfera celeste en 88 áreas denominadas constelaciones. Un ejemplo de constelación –Aquila, el Águila– se muestra bajo estas líneas. Aquila tiene un contorno irregular y en torno a ella hay otras constelaciones como Delphinus (el Delfín), y Scutum (el Escudo).

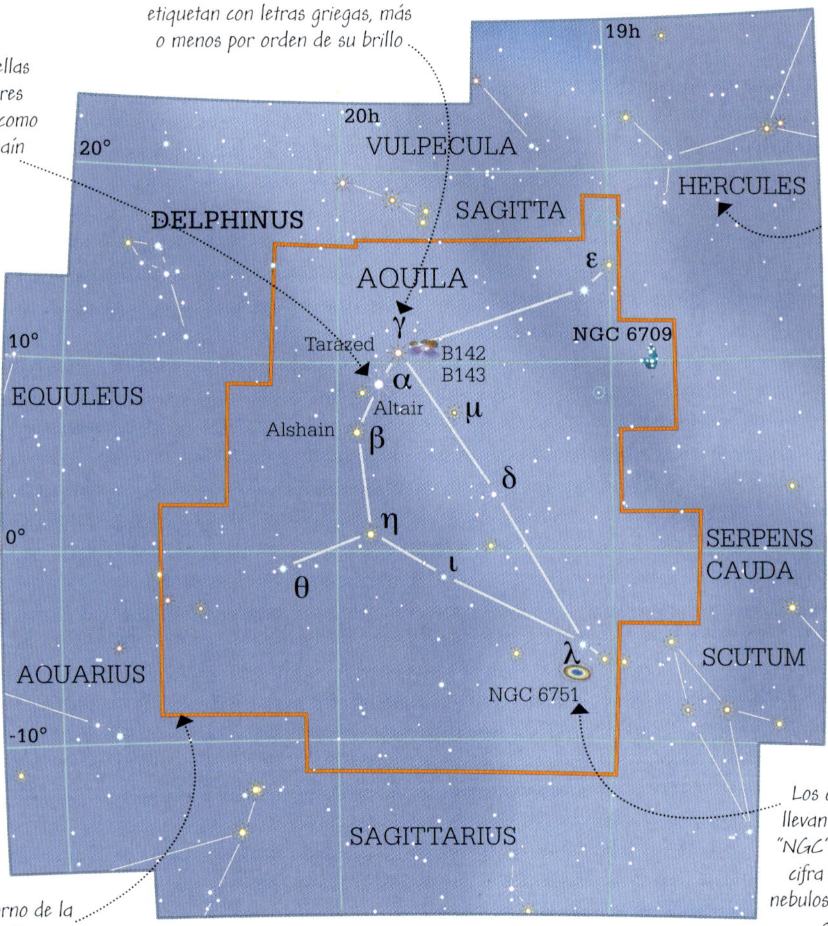

Objetos en una constelación

En el mapa de una constelación, las estrellas más brillantes van unidas por líneas que forman la figura de la constelación. Algunas estrellas individuales están etiquetadas. En el método más antiguo para nombrar estrellas se utilizan letras griegas, así α designa la estrella más brillante de una constelación, β la segunda más brillante y así sucesivamente. Las galaxias también llevan etiquetas.

Figuras de constelaciones

Cada constelación tiene una figura –por lo general un animal (como Aquila, el Águila), un objeto o un personaje mitológico– y muchas de ellas representan formas observadas entre grupos de estrellas. Un buen número de estas figuras se originó en la antigua Grecia y son anteriores a las regiones definidas por los astrónomos recientes. Son esencialmente imaginarias, ya que las líneas que unen las estrellas para formar una figura no se ven en el cielo. Usted aprenderá a identificar algunas de las constelaciones más conocidas, así como las estrellas más destacadas de estas figuras y otros objetos (galaxias y nebulosas) situados dentro de las constelaciones.

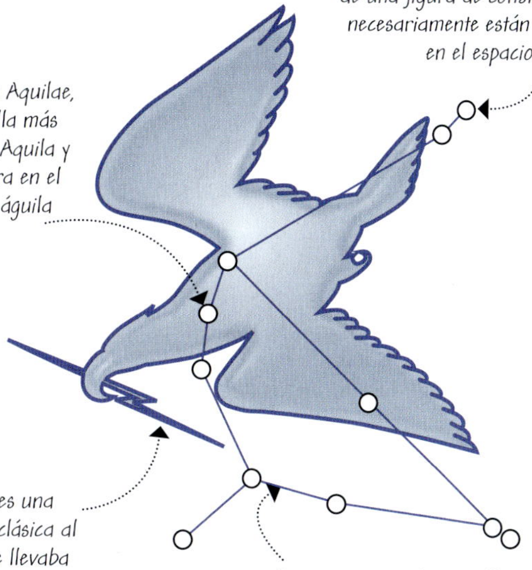

Asterismos

Dentro de algunas constelaciones existen unos característicos grupos de estrellas denominadas asterismos. Ejemplos de ello son el cinturón de Orión, en la constelación homónima (ver pp. 60-61), el asterismo de la Tetera en Sagitario, el de la Hoz en Leo y el del Carro en la Osa Mayor. En este libro se encontrará con una serie de asterismos como estos, que podrán servirle de ayuda para encontrar el resto de la figura de la constelación u otros objetos celestes cercanos.

Asterismo de la Tetera

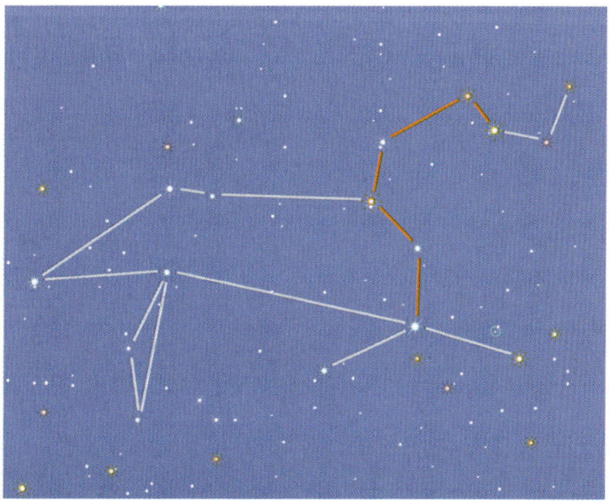

Asterismo de la Hoz

La vista **desde la Tierra**

Ahora ya sabe que su posición en la Tierra afecta al patrón de los movimientos estelares a través del cielo (ver p. 35) y ahora verá que su lugar de observación –y en particular su latitud– también incide en qué partes de la esfera celeste puede usted ver.

Recuerde que su latitud afecta al área del cielo que puede observar, pero que la longitud no tiene influencia alguna. Así que desde Nueva York, Madrid y Pekín –situadas todas ellas más o menos a la misma latitud pero a diferentes longitudes– observará más o menos exactamente las mismas áreas del cielo nocturno.

Efectos de la latitud

Su latitud indica desde qué distancia del ecuador por el Norte o por el Sur está observando usted. Los siguientes diagramas muestran lo que se puede ver desde tres ubicaciones diferentes: en los polos, en el ecuador y en un punto situado a medio camino entre ellos (latitudes intermedias o medias).

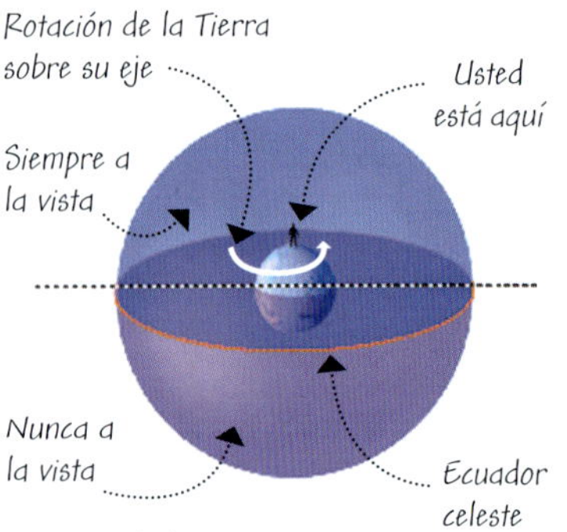

Desde los polos

Si usted está en el polo norte terrestre sólo podrá ver la mitad norte de la esfera celeste y ésta estará siempre a la vista. La mitad sur de la esfera nunca estará a la vista. Y si está en el polo sur terrestre le sucederá lo contrario.

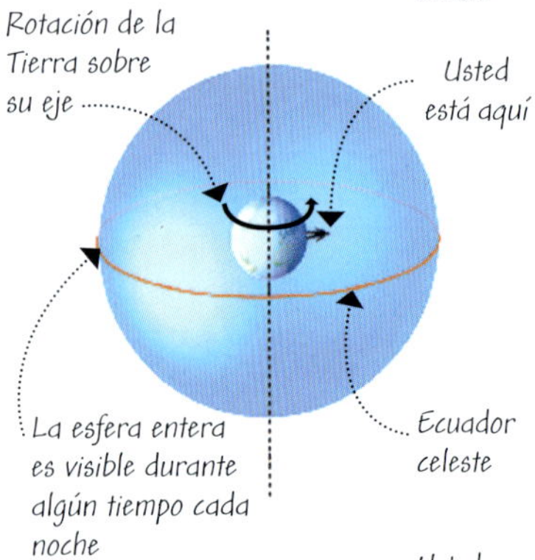

Desde el ecuador

Desde un punto de vista astronómico, si usted está en el ecuador gozará de una perspectiva mucho más afortunada, ya que a medida que gira la Tierra, todas las partes de la esfera celeste están a la vista en un momento u otro cada noche.

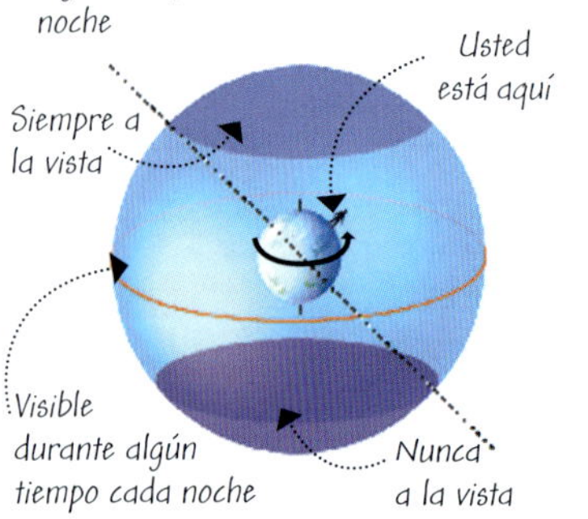

Desde las latitudes intermedias o medias

Desde estas latitudes, una parte de la esfera celeste es visible cada noche, parte de ella está a veces a la vista y una tercera parte –una porción importante del cielo polar del otro hemisferio– nunca estará a la vista.

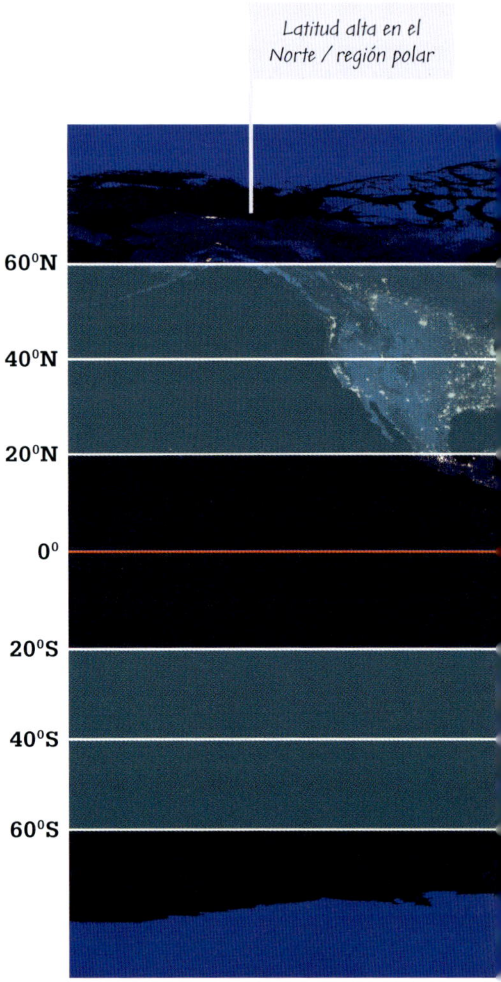

Localizar constelaciones

En este libro verá varios diagramas como este. Con estos "localizadores" le ayudaremos a encontrar constelaciones concretas con respecto al horizonte en momentos y fechas específicos, en distintas estaciones. Están estandarizados para observar desde localidades situadas en los 40° N y los 40° S. En la mayoría de casos, si observa el cielo nocturno desde una latitud superior a 40° (Norte o Sur), la constelación aparecerá tanto más baja en el cielo cuanto más alta sea la latitud y viceversa.

1 de abril, 19h hemisferio norte

1 de abril, 19h hemisferio sur

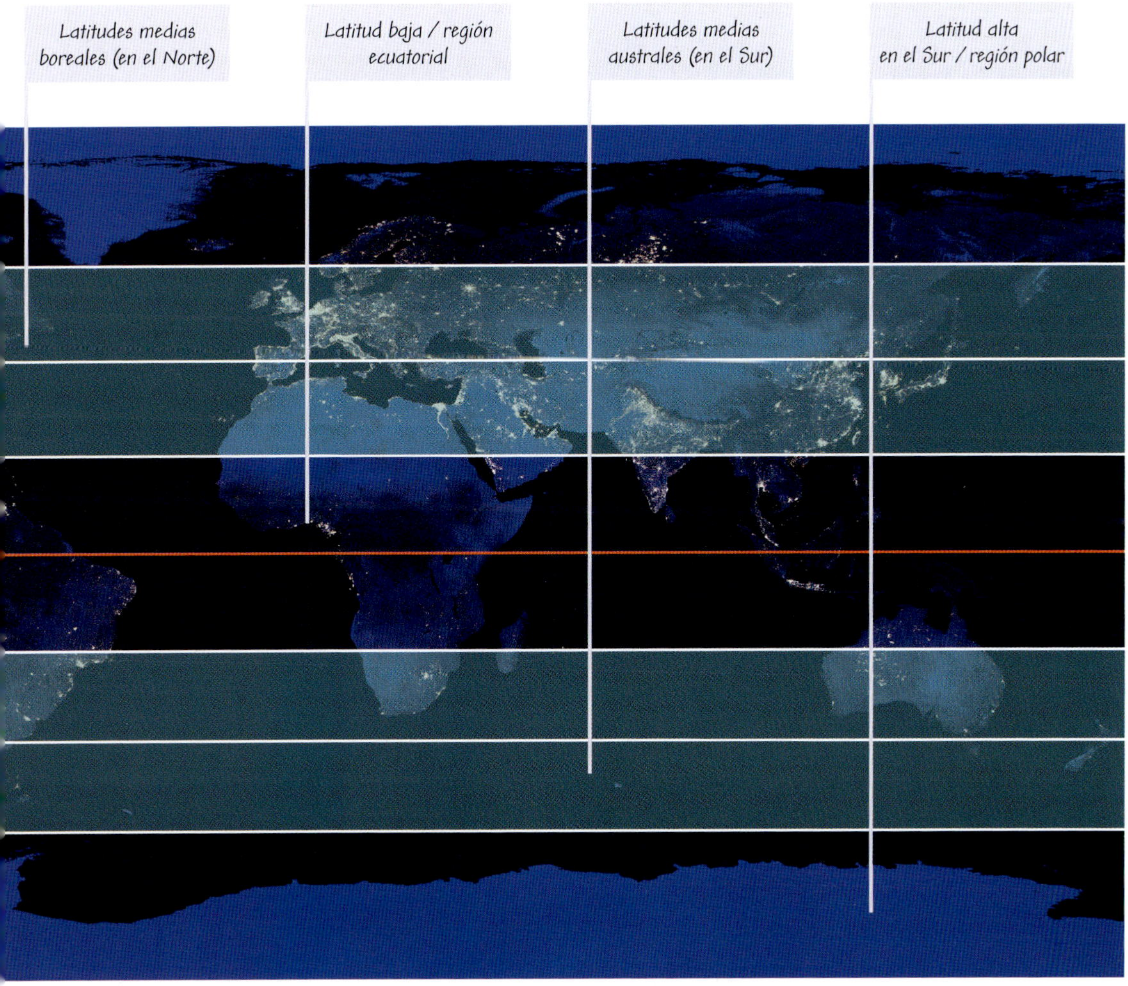

Cambios a lo largo **del año**

Ya ha visto que la rotación de la Tierra trae a la vista diferentes partes de la esfera celeste, pero ¿a qué se debe que el cielo nocturno se vea diferente entre una y otra estación? Se debe a la órbita que sigue la Tierra en torno al Sol, que dentro de una banda denominada zodiaco (ver pp. 66-67) obstruye la visión directa de varias partes del cielo.

Vistas cambiantes

La parte de la esfera celeste más fácil de ver en cualquier época del año es la región situada en el lado opuesto de la Tierra desde el Sol. Mes tras mes, esta región cambia gradualmente. Por lo demás, al deducir cuándo hay que observar una parte del cielo, también se apreciarán ajustes entre la fecha y la hora del reloj. Así por ejemplo, a partir de una localidad dada, la vista que tenga del cielo será la misma a las 24h del 1 de noviembre que a las 22h del 1 de diciembre y que a las 20h del 1 de enero.

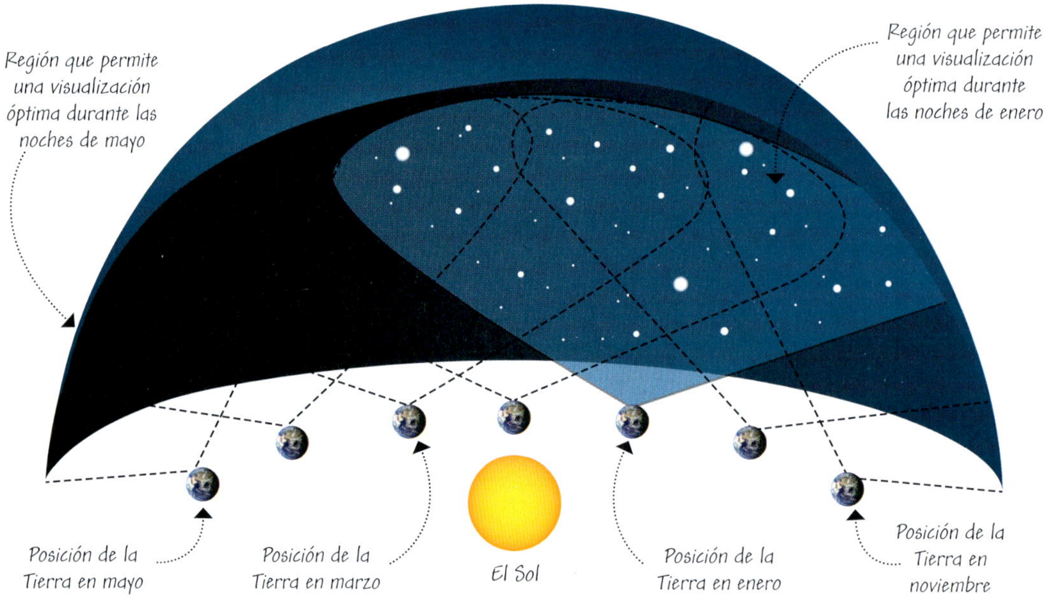

Dispositivos de ayuda

Si se siente confundido sobre cómo su latitud, la época del año y otros factores tales como la hora del reloj afectan a lo que usted puede ver en el cielo nocturno, no desespere. El planisferio celeste (derecha) es una carta astronómica que podrá ayudarle a resolver estos problemas. En las pp. 58-59 aprenderá cómo se utiliza y también encontrará consejos sobre otros tipos de dispositivos de ayuda en astronomía.

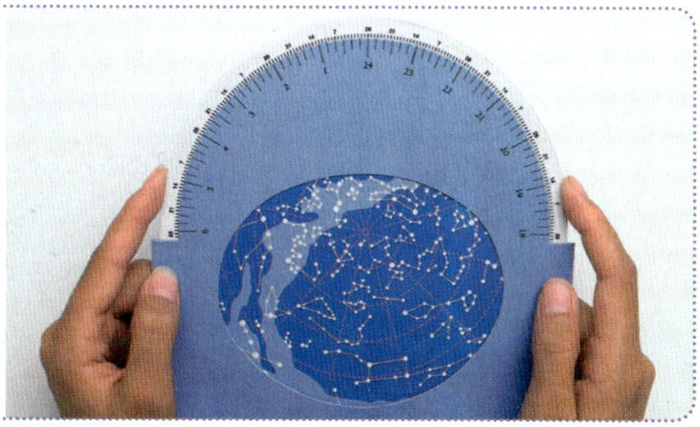

Comparaciones estacionales

En los dos diagramas de abajo se compara lo que puede verse en el cielo desde el hemisferio norte, mirando hacia el Sur, a mediados de marzo a las 22h, y seis meses más tarde, a mediados de septiembre a las 22h. Durante el período comprendido entre marzo y septiembre, la Tierra recorre la mitad de su órbita alrededor del Sol. Esto significa que la vista al mirar la esfera celeste cambia por completo, al destacarse sucesivamente diferentes estrellas y constelaciones.

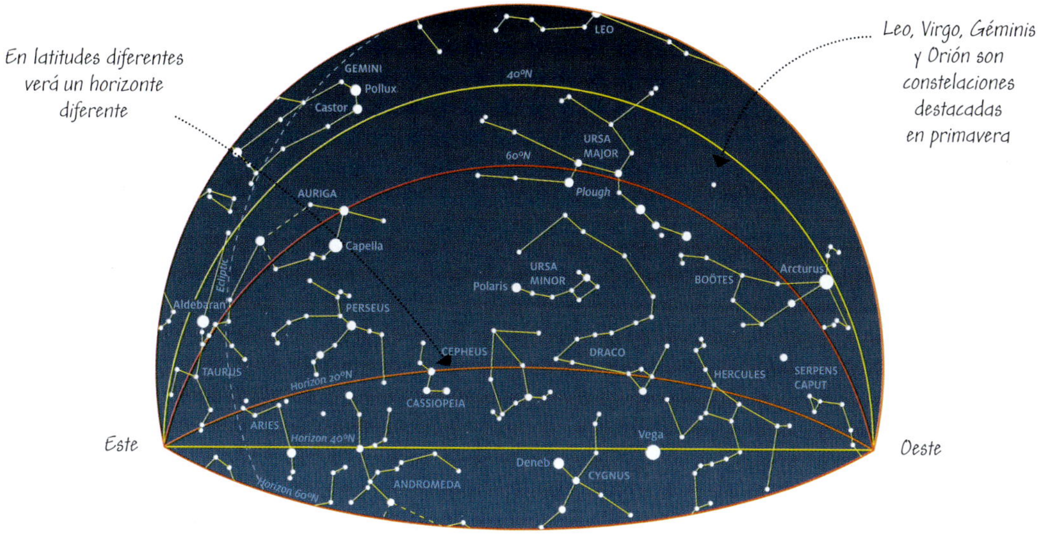

Mirando hacia el Sur a mediados de marzo a las 22:00h

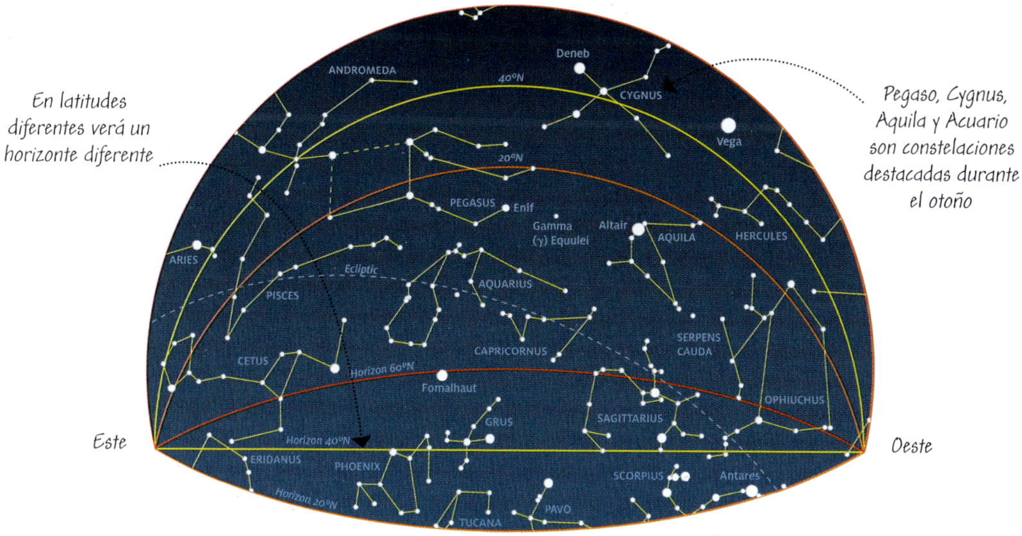

Mirando hacia el Sur a mediados de septiembre a las 22:00h

Navegar por **el cielo nocturno**

Los dos puntos de la esfera celeste alrededor de los cuales parece "girar" de modo continuo todo lo que hay en el cielo debido a la rotación de la Tierra (ver pp. 34-35) son los denominados polos celestes norte y sur. Si consigue encontrar el polo que corresponde a su hemisferio le resultará más fácil navegar por el cielo nocturno.

Localizar el polo norte celeste

La Estrella Polar, de apropiado nombre –y que forma parte de la constelación denominada Osa Menor–, está muy cerca del polo norte celeste; en cualquier localidad específica del hemisferio norte, la Polar (o Polaris) ocupa siempre el mismo lugar del cielo. Y mejor aún, dos estrellas de un asterismo cercano (el Carro de la Osa Mayor) señalan la dirección hacia la Estrella Polar.

Sugerencia Si observa desde una latitud baja –cerca del ecuador– puede que le resulte más fácil localizar el Carro de la Osa Mayor en épocas del año que no sean el otoño.

Seguimiento de la rotación de la Tierra

Si observa la Polar, las estrellas del Carro de la Osa Mayor y las de la Osa Menor durante varias horas de una misma noche, verá que éstas y todas las demás estrellas se desplazan lentamente en sentido antihorario a lo largo de trayectorias circulares que tienen su punto central en la Polar. Tal como sucedía con la Luna, este movimiento aparente de las estrellas se debe a la rotación de la Tierra.

Encontrar el Carro

Para localizar el Carro en un atardecer de otoño después del ocaso, localice el Norte con una brújula y busque en el cielo septentrional una disposición de estrellas que recuerda a una cacerola. El Carro debería aparecer como en la imagen, aunque su configuración exacta dependerá de la hora; su altura por encima del horizonte dependerá de la latitud en que está usted. Encontrada ya la Osa Mayor, utilice como puntos de referencia las estrellas Merak y Dubhe para localizar la Estrella Polar y la Osa Menor. Los diagramas de abajo le ayudarán a encontrar el Carro al anochecer de invierno, de primavera o de verano; el procedimiento es siempre el mismo pero la posición del Carro (y la de la Osa Menor) con respecto al horizonte variará de una estación a otra. Use un planisferio o una aplicación de tableta/ teléfono inteligente (ver pp. 58-59). Una vez identificado el Carro, utilice sus puntos de referencia y localice la Polar.

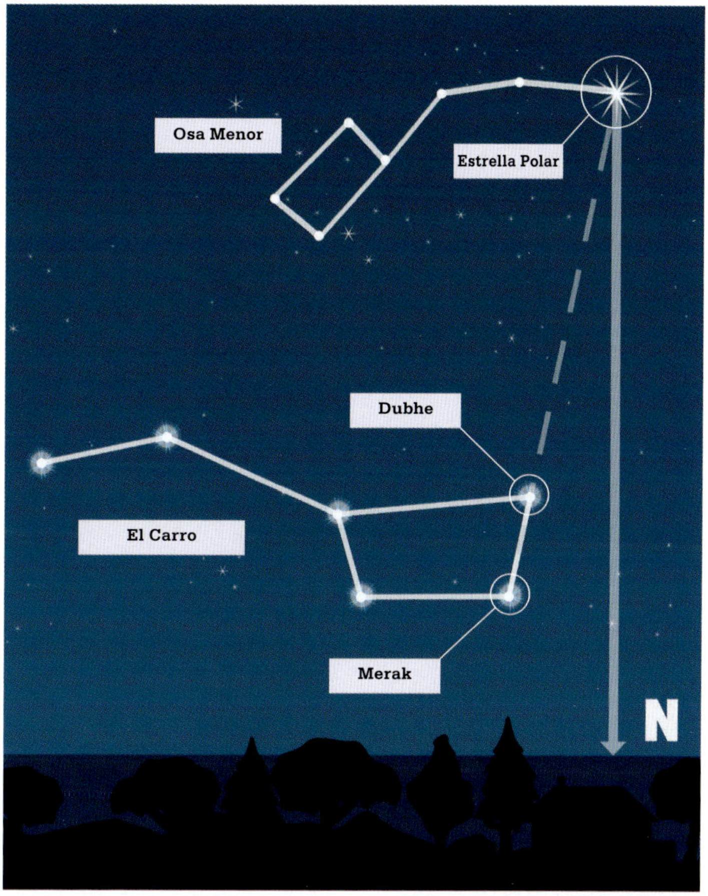

Anochecer de invierno
1 dic. a medianoche; 1 de ene., 22h; 1 de feb., 20 h.

Anochecer de primavera
1 marzo a medianoche; 1 de abril, 22h; 1 de mayo, 20 h

Anochecer de verano
1 junio a medianoche; 1 de julio, 22h; 1 de ago., 20 h

Localizar **la Cruz del Sur y el polo sur celeste**

Lamentablemente, en el polo sur celeste no hay ninguna estrella brillante equivalente a la Estrella Polar, aunque sí hay una constelación espectacular, la llamada Crux o Cruz del Sur, situada cerca del polo sur celeste. La Cruz del Sur no sólo es un espectáculo impresionante por sí misma sino que también sirve como un punto de referencia útil para encontrar otros objetos interesantes en el cielo nocturno austral (ver pp. 48-49 y 120-121).

Identificación de la Cruz del Sur

La Cruz del Sur es una pequeña constelación que contiene cuatro estrellas brillantes dispuestas en cruz. Tres de sus estrellas son apreciablemente más brillantes que la cuarta. Con todo, esta constelación puede ser confundida con un asterismo cercano de cuatro estrellas denominado la Falsa Cruz. La Cruz del Sur es más compacta que la Falsa Cruz, y también contiene una quinta estrella de brillo moderado dentro de su contorno.

La Cruz del Sur

El asterismo de la Falsa Cruz

Seguimiento de las estrellas

Una vez haya encontrado la Cruz del Sur e identificado la ubicación aproximada del polo sur celeste, trate de observar todo el cielo nocturno meridional durante más de una hora o así. Verá que todas las estrellas se desplazan lentamente en sentido horario siguiendo trayectorias circulares cuyo punto central es siempre el polo sur celeste. Si hiciera una fotografía de muy larga exposición, el resultado sería algo similar a lo que aquí se muestra. Como sucedía con la Luna y con la Estrella Polar, el movimiento aparente de las estrellas se debe en realidad a la rotación de la Tierra dentro de la esfera celeste.

Encontrar la Cruz del Sur

Para localizar la Cruz del Sur a primeras horas de una noche despejada de principios de invierno después del ocaso, elija un buen lugar de observación y utilice una brújula para encontrar el Sur. Busque en el cielo nocturno una disposición de cuatro estrellas brillantes en forma de cruz. Dicha cruz debería verse más o menos como la de la figura, pero su configuración exacta dependerá de la hora, la fecha y la latitud desde la cual esté observando. Las dos estrellas de cada extremo del eje largo de la cruz, Gacrux y Acrux, apuntan hacia el polo sur celeste. Para llegar a él, siga la línea que prolonga el eje lago de la Cruz del Sur y cuente unas tres veces la longitud de la cruz hasta llegar a la región relativamente vacía del cielo nocturno que contiene el polo sur celeste. Éste es el punto en torno al cual parece girar todo lo que hay en el cielo meridional (ver p. izquierda).

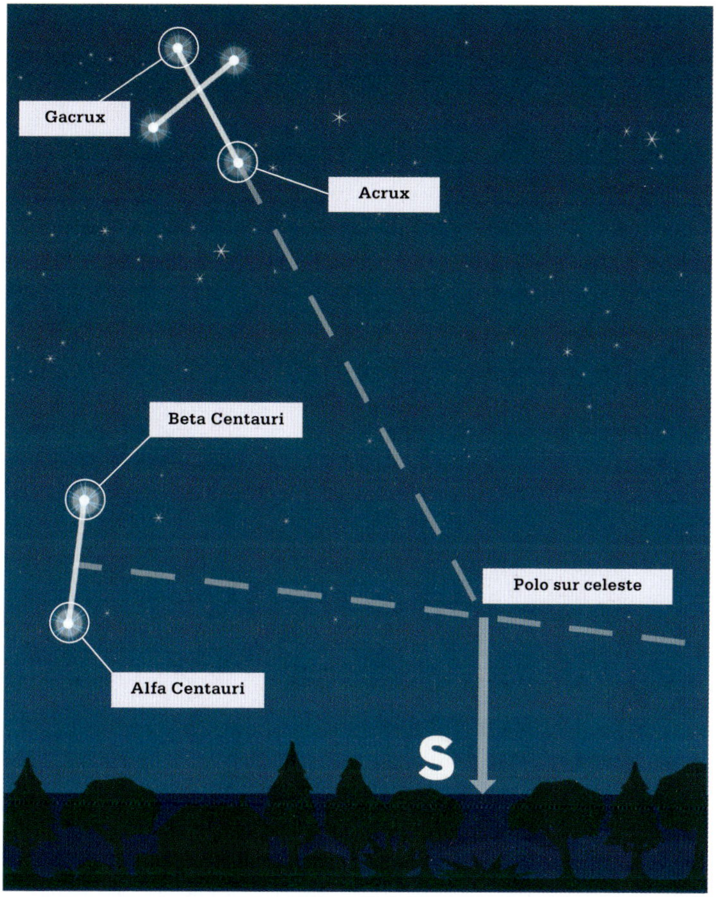

Anochecer de primavera
1 ago. a las 23h; 1 sep., 21h y 1 oct., 19h.

Anochecer de verano
1 de noviembre a las 2h; 1 de dic., medianoche y 1 de ene., 22h.

Anochecer de otoño
1 de feb. a las 23h; también 1 de mar., 21h y 1 de abril, 19h.

Saltos de estrellas desde **el Carro**

El Carro o Cazo, el asterismo de la Osa Mayor, sirve de referencia para varias estrellas y constelaciones. A la utilización de un dibujo estelar para navegar hacia los objetos vecinos lo llamaremos "hacer saltos de estrellas" y es una buena manera de familiarizarse con el cielo nocturno. En una noche despejada intente hacer estos "saltos de estrellas" desde la Osa Mayor:

1 Hasta la Estrella Polar en la Osa Menor Primero encuentre Polaris, la Estrella Polar o estrella del polo norte celeste. Visualice una línea entre las dos últimas estrellas del "cuenco" del Cazo, Merak y Dubhe. Si prolonga la línea más allá de Dubhe llegará hasta la Polar.

2 Hasta Arturo (Arcturus) en Bootes o Boötes, el Boyero Visualice ahora una línea curva que conecte las últimas tres estrellas del "mango" del Carro y prolongue esta curva hasta una estrella excepcionalmente brillante con un tono dorado. Es Arturo, la estrella principal de Bootes y desde ella, debería poder distinguir la parte principal de la constelación de Bootes.

3 Hasta Regulus (Régulo) en Leo A partir de Megrez, la más débil de las siete estrellas del Carro de la Osa Mayor, dibuje una línea imaginaria hasta Phecda, la estrella situada en la base del "cuenco" del Carro. Al prolongar esta línea pasará por la constelación de Leo Minor, antes de llegar a la brillante estrella blanca Regulus, en Leo. Una vez haya encontrado Regulus, debería distinguir la figura de la constelación de Leo.

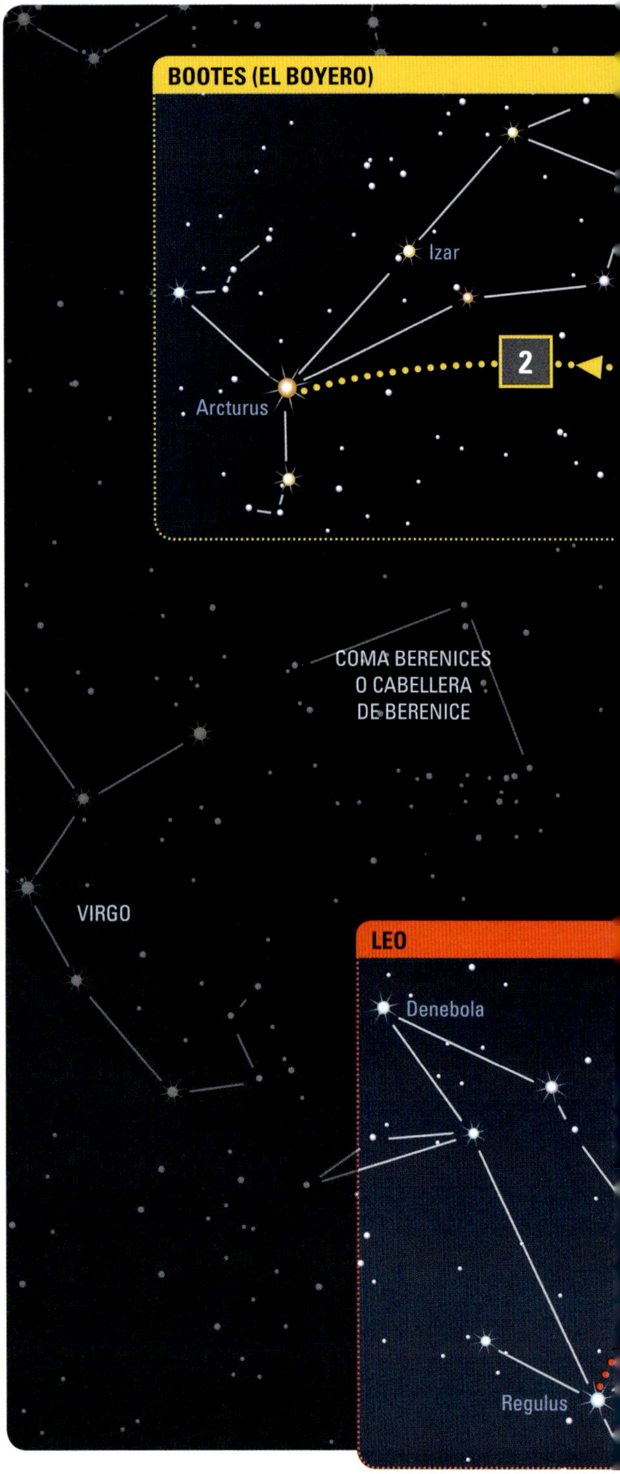

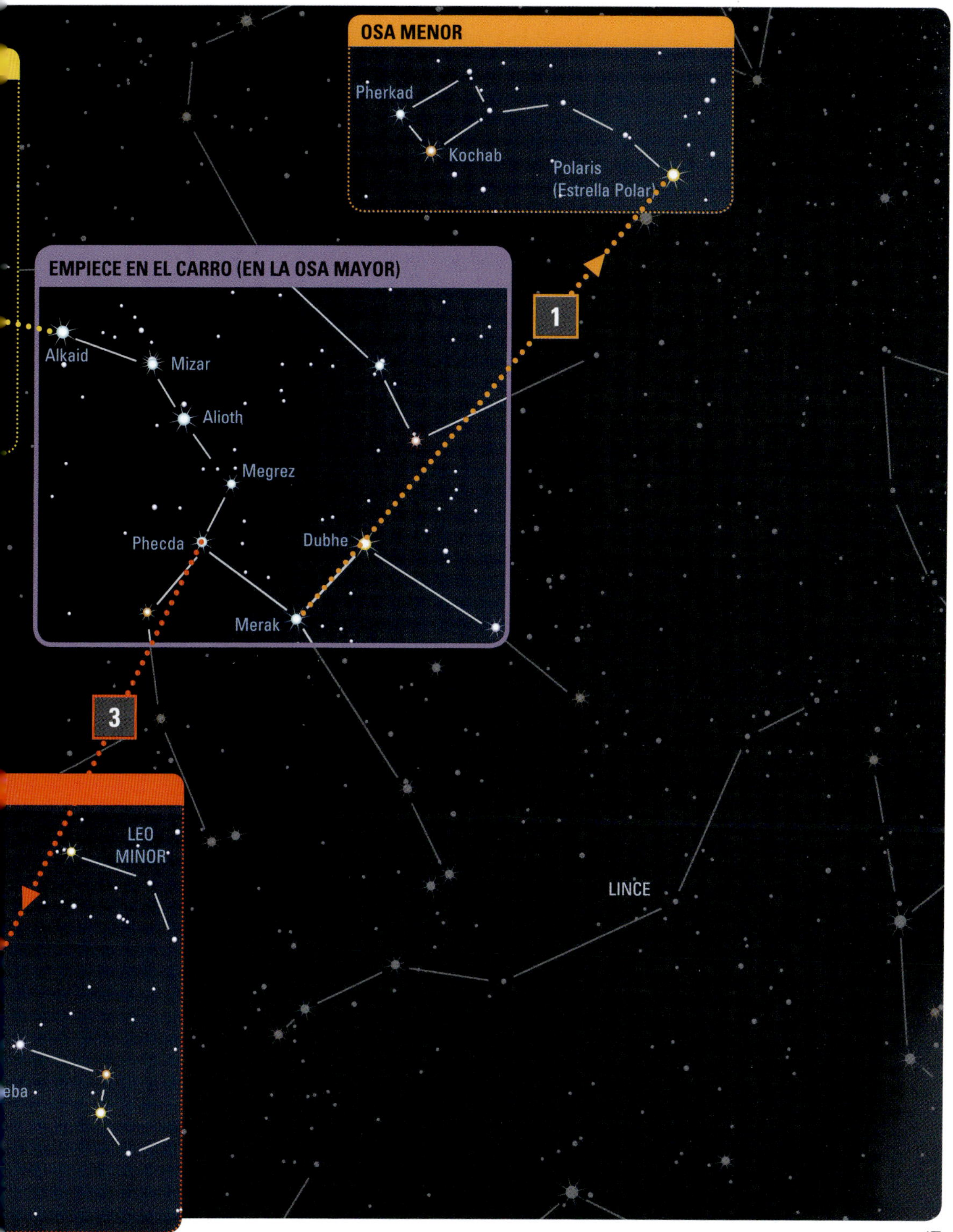
OSA MENOR
Pherkad
Kochab
Polaris
(Estrella Polar)
EMPIECE EN EL CARRO (EN LA OSA MAYOR)
1
Alkaid
Mizar
Alioth
Megrez
Phecda
Dubhe
Merak
3
LEO
MINOR
LINCE
eba

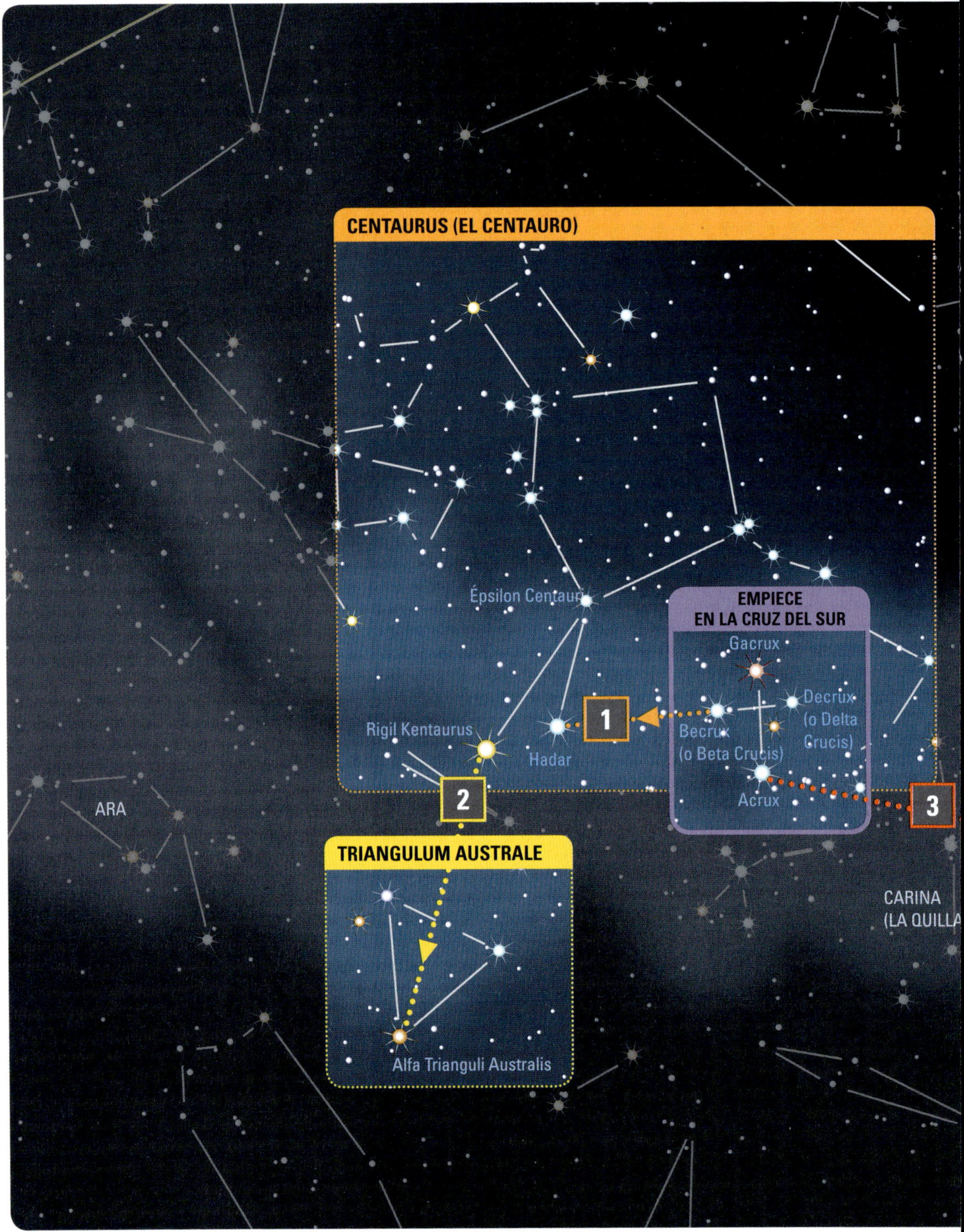
CENTAURUS (EL CENTAURO)
Épsilon Centauri
Rigil Kentaurus
Hadar
1
2
3
EMPIECE EN LA CRUZ DEL SUR
Gacrux
Decrux (o Delta Crucis)
Becrux (o Beta Crucis)
Acrux
ARA
TRIANGULUM AUSTRALE
Alfa Trianguli Australis
CARINA (LA QUILLA)

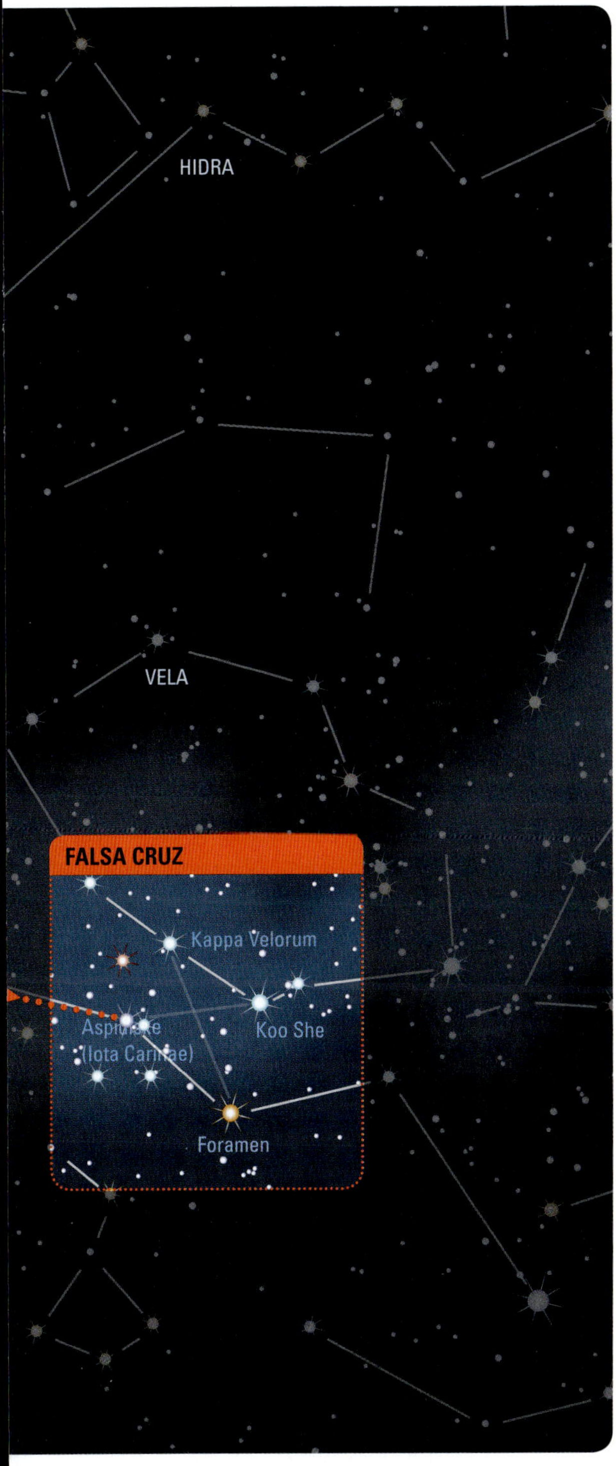

Saltos de estrellas desde la **Cruz del Sur**

Es la equivalente del Carro de la Osa Mayor en el hemisferio sur: una buena zona de referencia para encontrar el polo sur celeste algunas constelaciones y asterismos vecinos. Intente hacer estos "saltos de estrellas".

1 Hasta Centaurus Comience en Decrux, la más débil de las dos estrellas del travesaño de la Cruz del Sur. Visualice una línea a través de Becrux, la otra estrella del travesaño, y llegará a la estrella brillante Hadar. Después de Hadar hay una estrella todavía más brillante, Alfa Centauri; éstas son las dos estrellas principales de Centaurus.

2 Hasta Triangulum Australe Utilice este diagrama para encontrar una estrella de Centaurus llamada Épsilon Centauri. Si traza una línea imaginaria desde esta estrella hasta Alfa Centauri y la prolonga, la próxima estrella brillante que encontrará es Alfa Trianguli Australis (Atria) que forma uno de los vértices de una destacada constelación triangular, Triangulum Australe. Para encontrar los otros dos vértices del "triángulo austral" vuelva hacia Centaurus.

3 Hacia el asterismo de la Falsa Cruz Imagine una línea desde Hadar en Centaurus hasta Acrux, la estrella más brillante de la Cruz del Sur, y se prolonga sobre la Vía Láctea. Al doble de distancia entre Hadar y Acrux llegará a una de las estrellas del travesaño de la Falsa Cruz, Aspidiske. Después debería poder detectar las otras tres estrellas de la Falsa Cruz.

Una guía rápida de las **estrellas**

Las estrellas se forman por la condensación de acumulaciones de gas y de polvo en las galaxias: las estrellas que vemos pertenecen a nuestra galaxia local, la Vía Láctea. Cada estrella es una pelota extremadamente caliente de plasma (gas ionizado) que genera energía mediante las reacciones de fusión nuclear de su núcleo. Las estrellas a menudo se encuentran en parejas o en pequeños grupos.

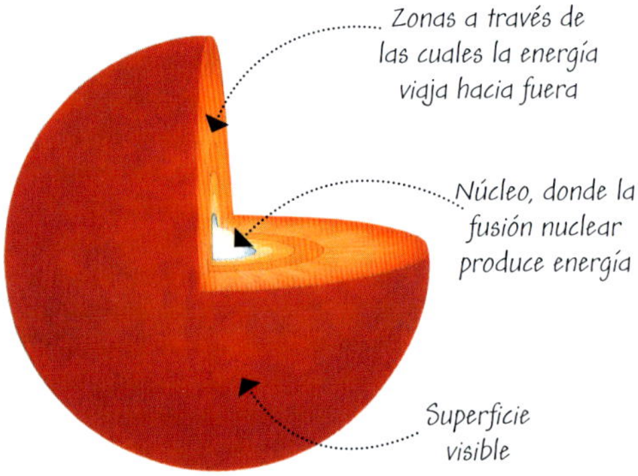

Estructura

Una estrella se compone de un núcleo productor de energía – que en algunas estrellas tiene muchas capas– y de zonas circundantes a través de las cuales la energía se mueve lentamente hacia el exterior.

Variedad estelar

Todas las estrellas del cielo nocturno se nos aparecen como diminutos puntos de luz, pero en realidad estos astros varían enormemente en tamaño, color y brillo, y también en su edad.

Tamaño y color de las estrellas

Cuando las estrellas nacen, la masa de gas que las conforma varía enormemente. La masa de la estrella define su tamaño y su temperatura –las estrellas más grandes son más calientes– y su longevidad: las estrellas pequeñas viven más tiempo. La temperatura de una estrella, a su vez, regula su color: las más calientes son blanco azuladas y las más frías son rojas. Existe gran variedad de tipos de estrellas, algunos de los cuales se muestran aquí en comparación con el Sol.

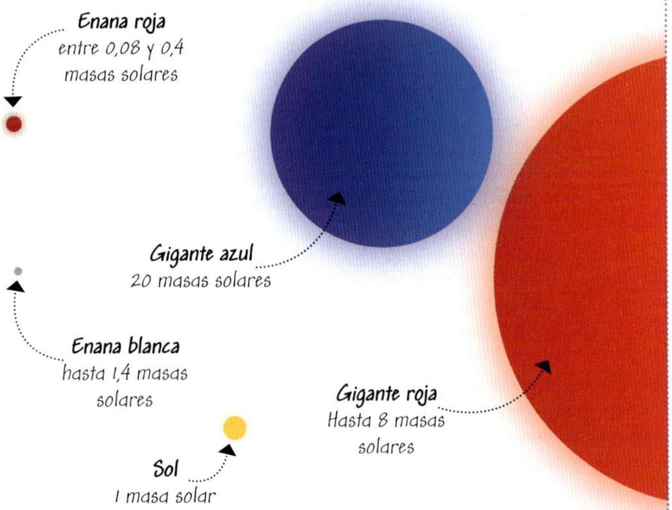

Medir la magnitud (el brillo)

Los astrónomos utilizan dos escalas separadas para expresar el brillo de las estrellas y otros objetos de cielo. La magnitud aparente expresa cuán brillante se ve un objeto desde la Tierra, mientras que la magnitud absoluta expresa su brillo real, como si se le viera desde una distancia estándar. Los astrónomos aficionados están más interesados en la magnitud aparente: los objetos tenues reciben valores elevados en la escala, mientras que los brillantes tienen valores bajos o negativos.

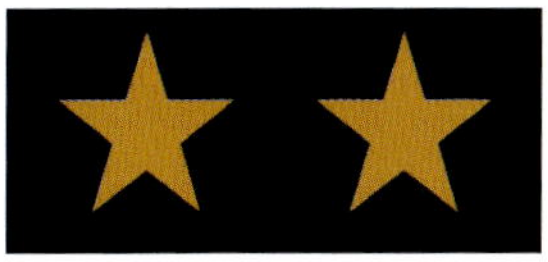

Las estrellas A y B tienen la misma magnitud aparente (se ven igual de brillantes desde la Tierra)

La estrella B se ve tan brillante como A sólo porque está mucho más cerca de la Tierra

La magnitud absoluta de la estrella A es mucho mayor que la de la estrella B

Ejemplos de magnitudes aparentes

Objeto	Magnitudes aparentes máximas
El Sol	-26,7
La Luna	-12,9
Venus	-4,6
Júpiter	-2,9
Sirio (la estrella más brillante de la noche)	-1,4
Canopus (Canopo, la segunda estrella más brillante de la noche)	-0,72
Alfa Centauri (estrella)	-0,27
Vega (estrella)	0,03
Rigel (estrella)	0,12
Estrella Polar	1,98
Ganimedes (satélite de Júpiter)	4,4

Rigel (en Orión)

Cómo **funcionan los sistemas de estrellas**

Nuestro Sol es una estrella solitaria pero la mayoría de las estrellas de nuestra galaxia tienen estrellas compañeras próximas y forman sistemas binarios de dos estrellas, o sistemas múltiples de tres o más estrellas. A lo largo del tiempo fluctúa el brillo de algunas estrellas, las denominadas estrellas variables.

Estrellas binarias y múltiples

En los sistemas estelares binarios y múltiples, todas las estrellas orbitan en torno a un centro de masas común (o centro de gravedad). Hay varios tipos de patrones orbitales, algunos de los cuales se muestran a continuación. Estos sistemas de estrellas enlazadas por la gravedad no deben confundirse con los pares de estrellas –las denominadas dobles ópticas– que en el cielo se ven como si estuviesen cerca pero que en realidad están muy separadas en el espacio.

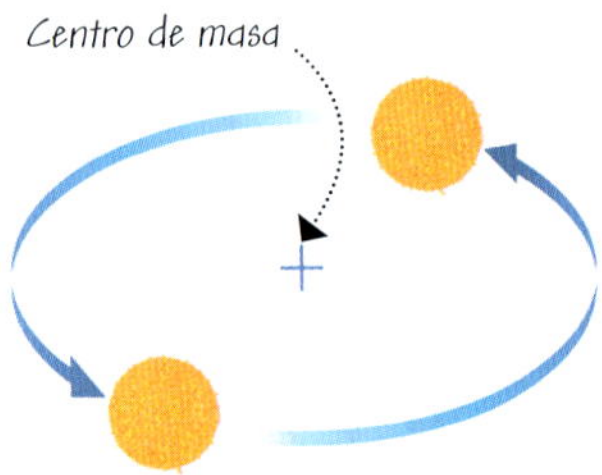

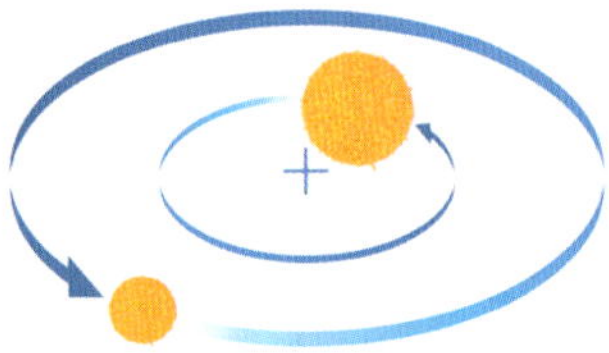

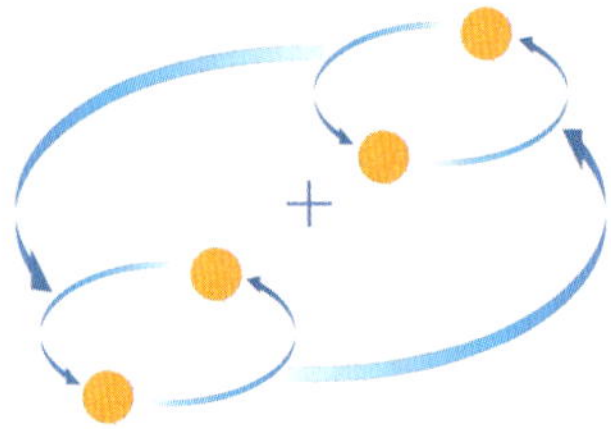

Masas iguales

En sistemas binarios donde las dos estrellas son de la misma masa, el centro común de masas se encuentra a mitad de camino entre las dos estrellas.

Masas desiguales

Si una estrella de un sistema binario es más masiva que la otra, el centro de masas se encontrará más cerca de la estrella de mayor masa.

Binario doble

En un sistema estelar binario doble cada estrella orbita en torno a una compañera, y los dos pares también orbitan en torno a un único centro de masa.

Sistemas de ocho estrellas

Incrustado en la nebulosa de Orión (ver pp. 114-115) hay un grupo de ocho estrellas que se conoce como Cúmulo del Trapecio porque las cuatro más brillantes –en la foto con halos de color rosa– crean una forma de trapecio. Se cree que algunas de estas estrellas están unidas gravitacionalmente y varias son por sí mismas estrellas binarias, por lo que forman un sistema complejo.

Estrellas variables

Hay varias razones por las que puede variar el brillo de las estrellas. Las disminuciones ocasionales se dan cuando una estrella de un sistema binario se mueve delante de la otra (ver binarias eclipsantes). Algunas tienen erupciones superficiales que las hacen más brillantes. Otras, llamadas variables pulsantes, se hinchan y se contraen repetidas veces, lo que hace cambiar cíclicamente su brillo.

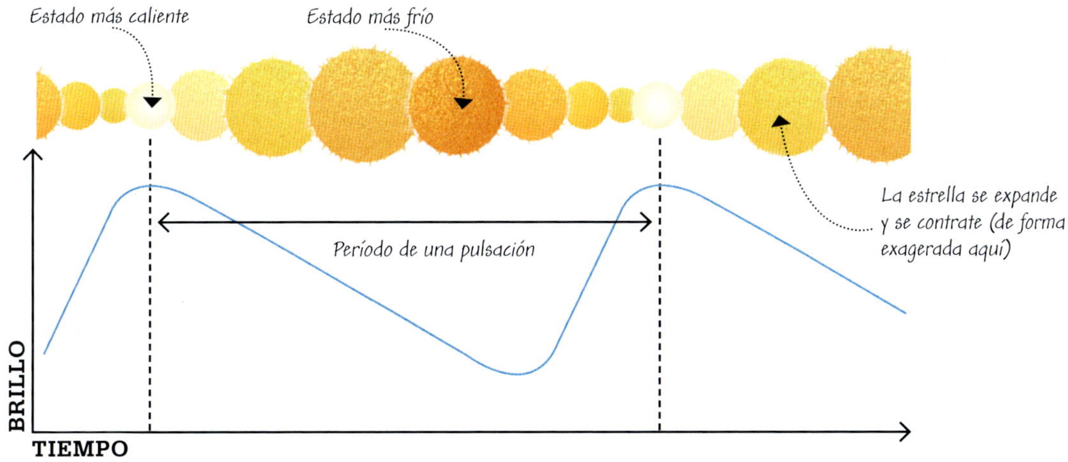

Binarias eclipsantes

En los sistemas binarios de estrellas, el brillo combinado del par de estrellas puede disminuir de forma intermitente cada vez que una estrella se mueve delante de otra. Desde el punto de vista de un observador en la Tierra, la estrella del fondo está eclipsada (parte de la luz que emite no nos llega) por lo que hay cierto oscurecimiento. Típicamente, hay un oscurecimiento leve cuando se eclipsa la estrella más débil de un par y un oscurecimiento más importante cuando se eclipsa la estrella más brillante.

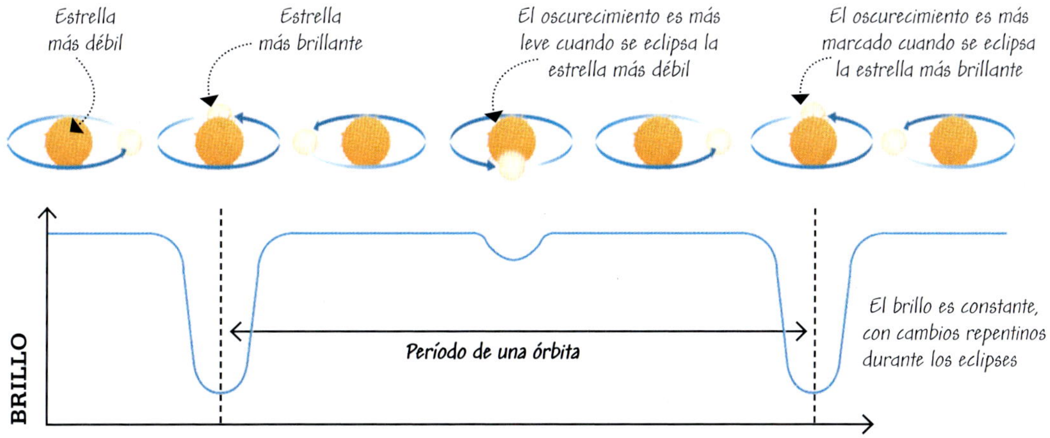

Observación de **la Vía Láctea**

En una noche despejada, si no hay Luna y puede alejarse de la contaminación lumínica, tendrá buenas probabilidades de observar la Vía Láctea, la suma de las luces de la gran mayoría de estrellas que componen la galaxia en la que vivimos. La galaxia de la Vía Láctea se llama así por la forma con que nos aparece en el cielo nocturno.

Un arco de luz a través del cielo

La Vía Láctea es una franja de luz tenue y de aspecto lechoso que traza un arco a través del cielo, desde un horizonte hasta el otro. Es fácil confundirla con una larga nube, pero a diferencia de una nube no se mueve con respecto a las estrellas brillantes individuales que ve. Según la latitud en que esté, y de la hora y fecha, la banda de luz puede o no cruzar el cielo encima de su cabeza; así, en algunos momentos o lugares puede trazar su arco a través del cielo del Norte o del Sur.

Trazar el mapa de la Vía Láctea

Ocupa un área fija de la esfera celeste (ver p. 34): en los mapas se muestra como una banda irregular de color claro (ver pp. 176-187). También se han representado las figuras de las constelaciones; algunas, como la Cruz del Sur y Casiopea, se sitúan a lo largo de la Vía Láctea. Otras, como la Osa Menor y Boötes, no se sitúan allí. Esto ayuda a localizar las constelaciones.

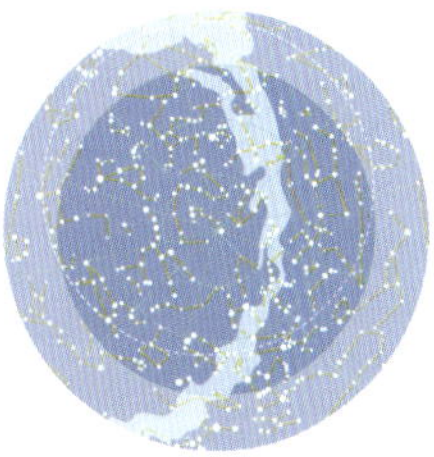

Hemisferio norte

Hemisferio sur

Recuerde Todas las estrellas brillantes individuales que pueden verse en el cielo nocturno a simple vista forman parte de la galaxia de la Vía Láctea, pese a que cuando miramos un mapa, muchas de ellas parecen estar situadas fuera de la banda de luz de la Vía Láctea. Esto es así porque la mayoría de las estrellas individuales que podemos ver están relativamente cerca y estas estrellas cercanas nos rodean por todas las direcciones.

Una sección de la Vía Láctea parcialmente ocultada por nebulosas oscuras (nubes de polvo)

Una guía rápida de **la Vía Láctea**

Es un enorme torbellino de unos 200 mil millones de estrellas agrupadas por la gravedad y de unos 100.000 años luz de diámetro. Recuerda dos huevos fritos unidos por la "espalda", con un abultamiento central y un disco plano circundante. La mayoría de estrellas están en el abultamiento central. La Vía Láctea posee dos grandes brazos en espiral y varios brazos más pequeños. Nuestro Sistema Solar está en un brazo menor denominado Brazo de Orión.

Centro galáctico

La región blanca de esta imagen es Sagitario A, una compleja fuente de radio que según se cree, es el centro de la Vía Láctea. Los astrónomos creen que un agujero negro supermasivo yace oculto en esta región. Si este desagüe cósmico aspira por gravedad una estrella u otro material, éste desaparece para siempre.

La estructura de la Vía Láctea

Puede que nunca obtengamos una vista de nuestra galaxia desde lo suficientemente lejos como para ver su estructura general. Sin embargo, mediante el estudio de la distribución de estrellas de la Vía Láctea, los astrónomos están empezando a trazar su forma exacta. Este diagrama muestra lo que se sabe actualmente sobre la geografía de la Vía Láctea.

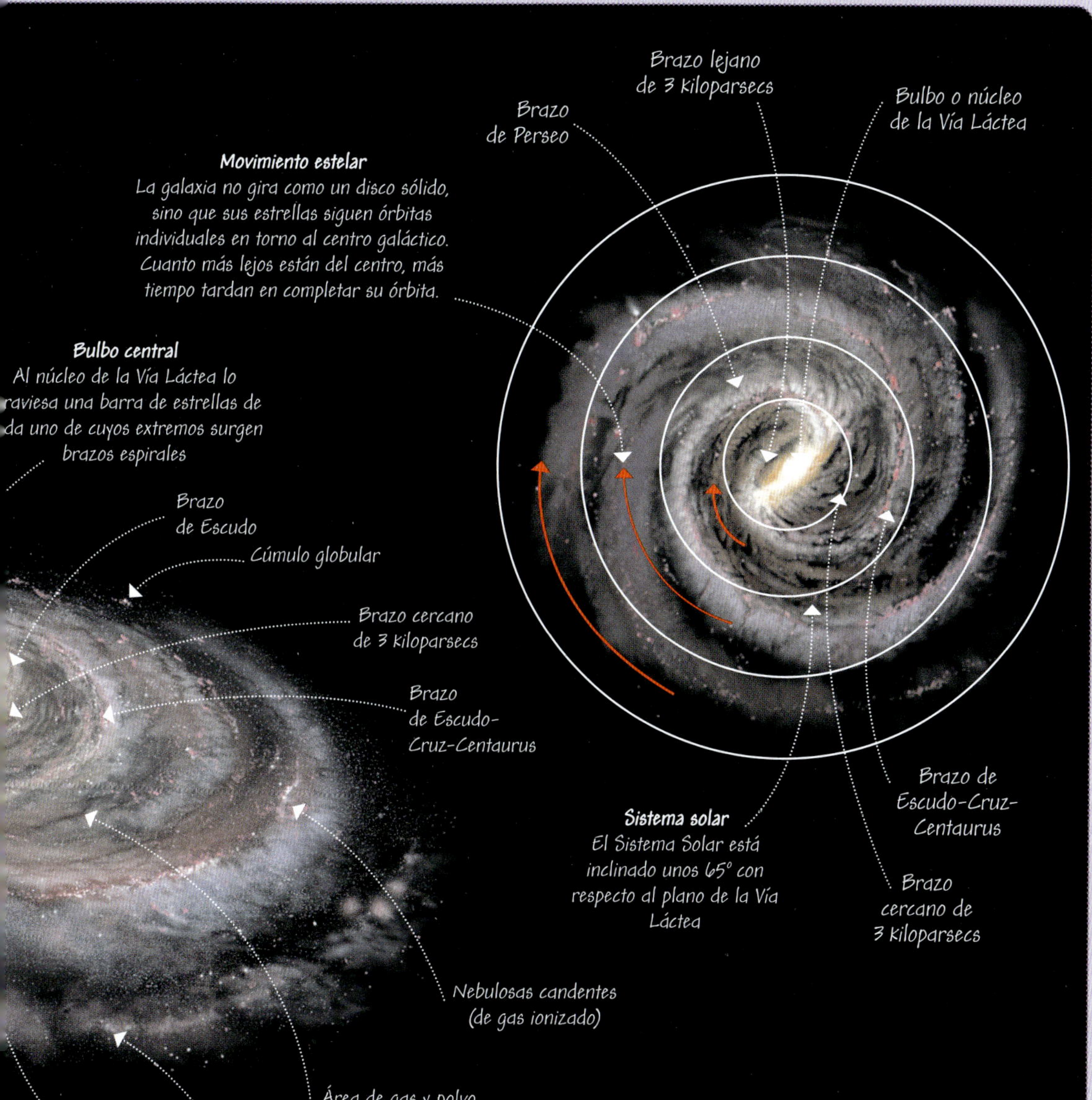

Una galaxia espiral con barra

Los astrónomos creían inicialmente que el bulbo central de la Vía Láctea era circular. Sin embargo, las evidencias recientes sugieren que la Vía Láctea es una espiral barrada, esto es, los brazos de la espiral parecen surgir desde uno u otro extremo de una barra central de estrellas de unos 27.000 años luz de longitud. La barra queda en gran parte oculta porque apunta más o menos hacia el Sistema Solar.

Localizar **estrellas y constelaciones**

En muchas páginas de este libro encontrará diagramas localizadores que le proporcionan una guía rápida sobre cuándo y en qué parte del cielo podrá ver ciertas constelaciones y las estrellas y otros objetos que aquéllas contienen. Pero para una orientación más detallada puede que le sea de ayuda dominar el uso de un planisferio, de una aplicación astronómica de teléfono móvil o de tableta, o cualquier otro software tipo planetario.

Manos a la obra

Hasta aquí usted ya ha aprendido que la Tierra gira sobre su eje y se desplaza alrededor del Sol, y por eso nuestra vista de las estrellas desde la superficie de la Tierra cambia sin cesar. Así, lo primero que tiene que hacer antes de utilizar ayudas astronómicas es comprobar la fecha, la hora, la latitud y las direcciones de la brújula en la localidad desde la que desee observar. Pertrechado con esta información estará listo para utilizar un planisferio celeste, una carta del cielo o un software de ordenador para averiguar qué debería ser visible –y dónde– en el momento en que desee observar el cielo nocturno.

Aplicaciones para teléfonos inteligentes y tabletas

En los últimos 20 años se han desarrollado softwares de astronomía muy elaborados, basados en el principio del planisferio celeste. Existen desde aplicaciones simples y baratas para teléfonos inteligentes y tabletas que señalan las posiciones de las estrellas, las constelaciones, los planetas y otros objetos en un tiempo y un lugar determinados, hasta detallados programas con enormes catálogos de estrellas y objetos del cielo profundo. Unos cuantos de estos incluso le permiten cambiar al modo de visión nocturna roja para su uso en la oscuridad.

Sugerencia En la p. 191 se dan recomendaciones para los softwares de astronomía. Elija una aplicación y utilícela a la luz del día para familiarizarse con sus características y después del anochecer.

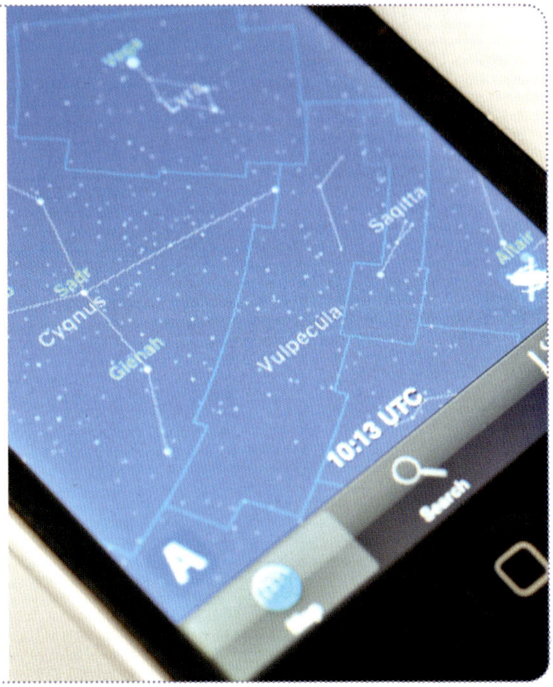

¿Qué es un planisferio celeste?

Es un dispositivo circular que muestra lo que puede verse en el cielo nocturno en una fecha y una hora concretas, desde una latitud establecida. El mapa del disco base es específico para esa latitud y es apto únicamente para los observadores en una banda que abarca hasta unos 5° al norte y 5° al sur de dicha latitud. Cuando elija un planisferio compruebe si es apropiado para su lugar de observación. Hay planisferios para la mayoría de las bandas de latitud, excepto para las regiones polares poco pobladas (ver p. 191).

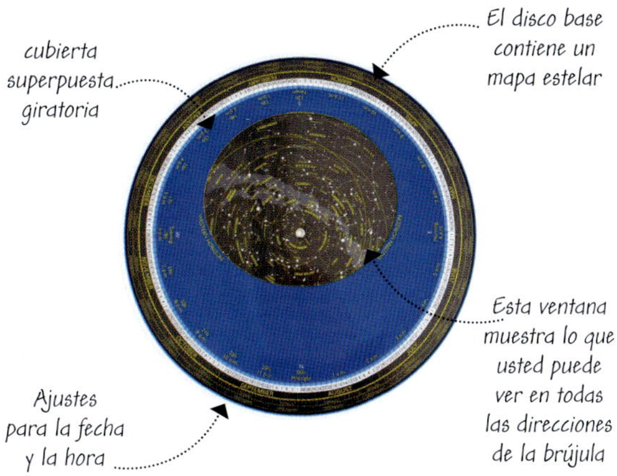

Uso de un planisferio celeste

Gire la cubierta superpuesta hasta que la hora y la fecha estén alineadas por el borde. Sostenga el planisferio hacia arriba y gire el dispositivo entero de manera que los horizontes marcados en el borde de la ventana coincidan con la dirección en la que quiere mirar. Las constelaciones y las estrellas más cercanas a este borde son lo que se ve más cerca en el horizonte pertinente. También pueden mostrar cuándo puede verse una constelación o una estrella concretas desde su lugar de observación. Encuentre la constelación o estrella en el mapa base, gire la cubierta superpuesta hasta que aparezca en la ventana, idealmente lejos de cualquier horizonte, y mire el borde para averiguar el rango de fechas y de horas.

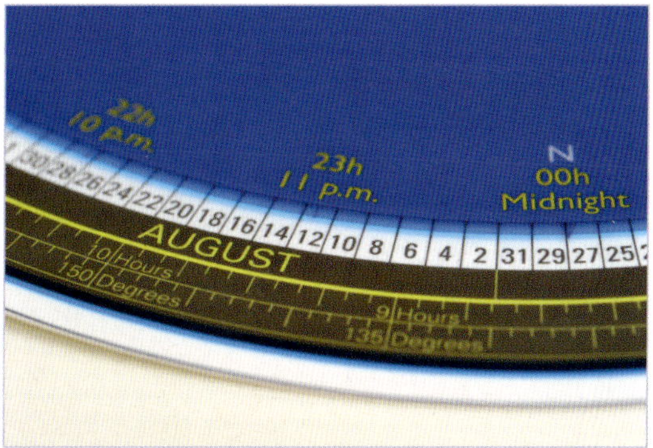

Planisferio ajustado para las 22h el 12 de agosto

Observación de **Orión**

Orión, el Cazador, es sin duda alguna la constelación más espectacular del cielo y un magnífico punto de partida para los principiantes. Se puede observar desde ambos hemisferios y contiene algunos objetos de soberbio aspecto.

Orión, el Cazador

En la figura clásica de la constelación, Orión sostiene una maza en una mano y un escudo en la otra. Un trío centelleante de estrellas forma el Cinturón de Orión. Alrededor del cinturón hay cuatro estrellas más brillantes que forman la figura característica de un reloj de arena, incluidas la estrella supergigante roja Betelgeuse y la supergigante blanco azulada Rigel. Debajo del Cinturón de Orión está la región de la "espada", que contiene una nebulosa que se ve espectacular con los prismáticos (ver pp. 114-115).

Recuerde Orión es más fácil de observar desde noviembre hasta marzo y es difícil o imposible observarla desde cualquiera de los hemisferios entre mayo y julio debido a que entonces está demasiado cerca del Sol.

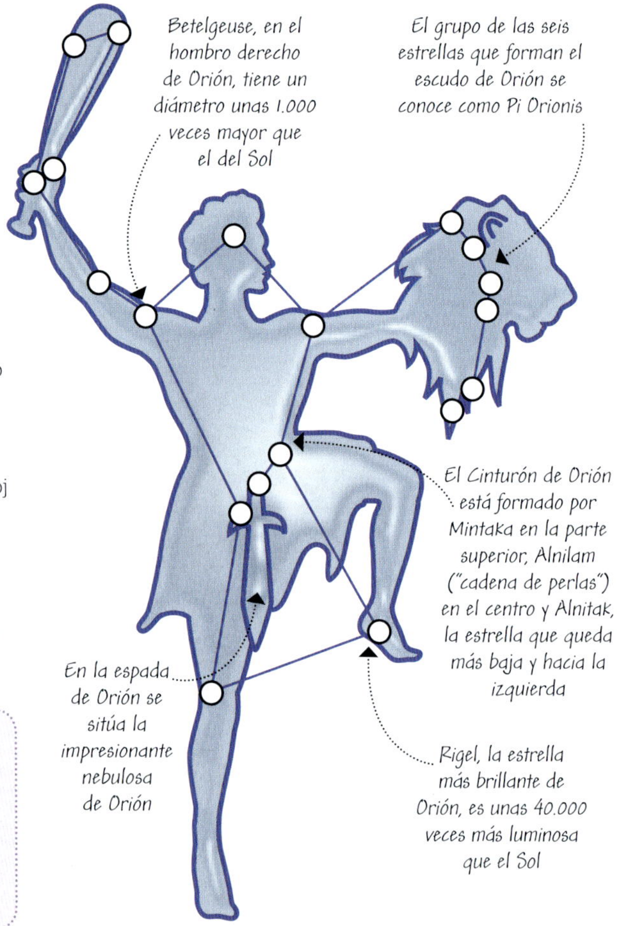

Localizadores del **hemisferio norte**

Para los observadores de las latitudes medias (en torno a los 40° N), Orión se torna visible desde principios de agosto en el cielo del Sureste, aunque sólo de madrugada. En diciembre ya destaca a cierta altura en el Sur en torno a la medianoche.

1 agosto, a las 5h
Mirando al Sureste

1 dic. a medianoche
Mirando al Sur

1 abril, 19h
Mirando al Suroeste

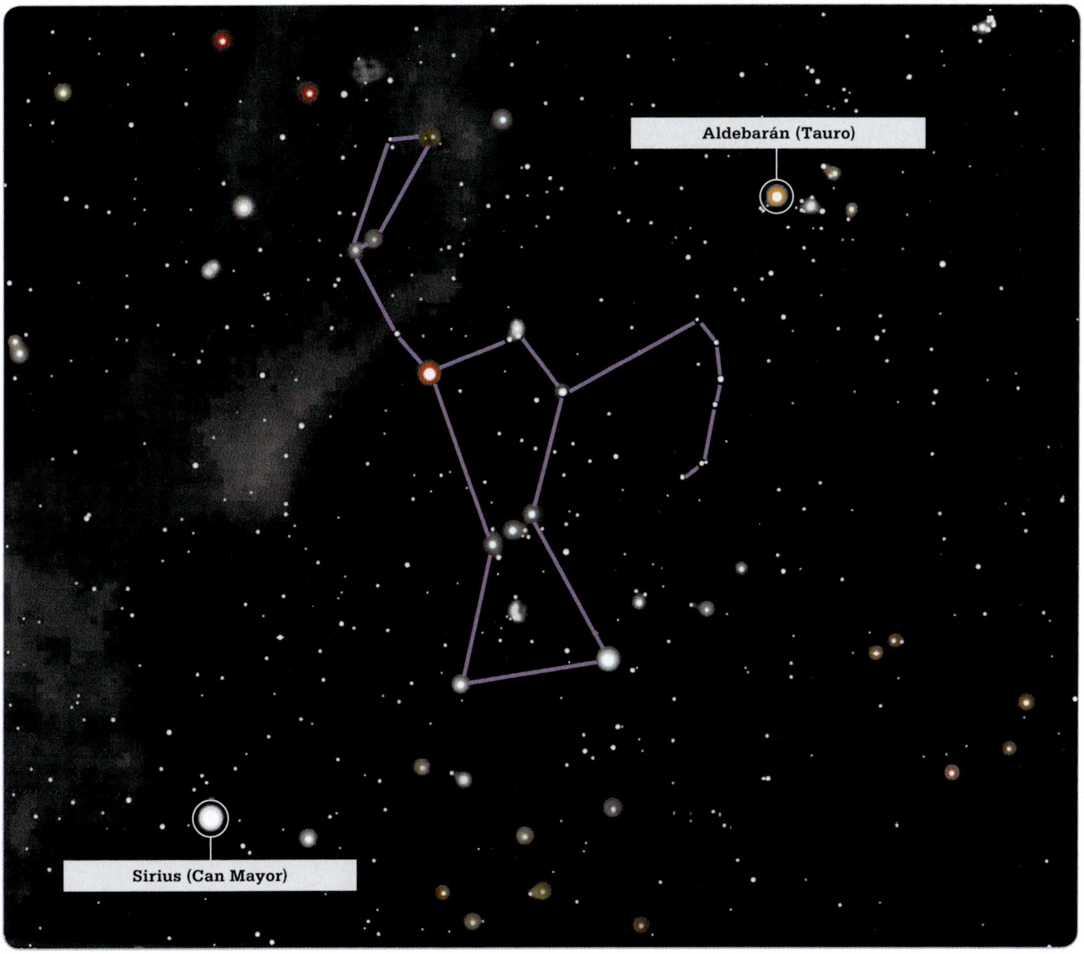

Localizadores del **hemisferio sur**

Desde las latitudes medias (en torno a los 40° S) Orión es visible a primeras horas de las mañanas de agosto. En diciembre ya destaca a cierta altura en el Sur en torno a medianoche y está boca abajo en comparación con su aspecto visual en el hemisferio norte.

1 agosto, 5h
Mirando hacia el Noreste

1 dic. a medianoche
Mirando al Norte

1 abril, 19h
Mirando al Noroeste

Saltos de estrellas desde **Orión**

Orión es un fantástico punto de partida para hacer "saltos de estrellas" y poder identificar las estrellas brillantes y las constelaciones donde se sitúan.

1 Hasta Sirius en Canis Major
Dibuje una línea imaginaria a través del Cinturón de Orión y prolónguela desde el mismo lado de Orión en el que está Betelgeuse, la supergigante roja. Es casi imposible que no se tropiece con Sirius, una deslumbrante estrella blanca pura que es la que más brilla en todo el cielo nocturno. Sirius es la estrella líder en la constelación de Canis Major (o Can Mayor), el Perro Mayor.

2 Hasta Aldebarán en Tauro
Empezando un vez más en el Cinturón de Orión, prolongue una línea en el sentido opuesto, pasando por la estrella Bellatrix, que representa el hombro izquierdo de Orión. El destino es la brillante estrella roja Aldebarán, el "ojo" de Tauro, el Toro. Si ahora prolonga la línea más o menos hacia delante, llegará a un maravilloso cúmulo estelar abierto, las Pléyades.

3 Hasta Proción en Canis Minor
Desde Bellatrix dibuje una línea imaginaria a través de Betelgeuse, en el otro hombro de Orión. Siga esta línea un poco más de tres veces la distancia entre Bellatrix y Betelgeuse y llegará a Proción, la estrella principal de la constelación de Canis Minor (Can Menor). Proción, Sirius, y Betelgeuse forman un gran triángulo equilátero simple.

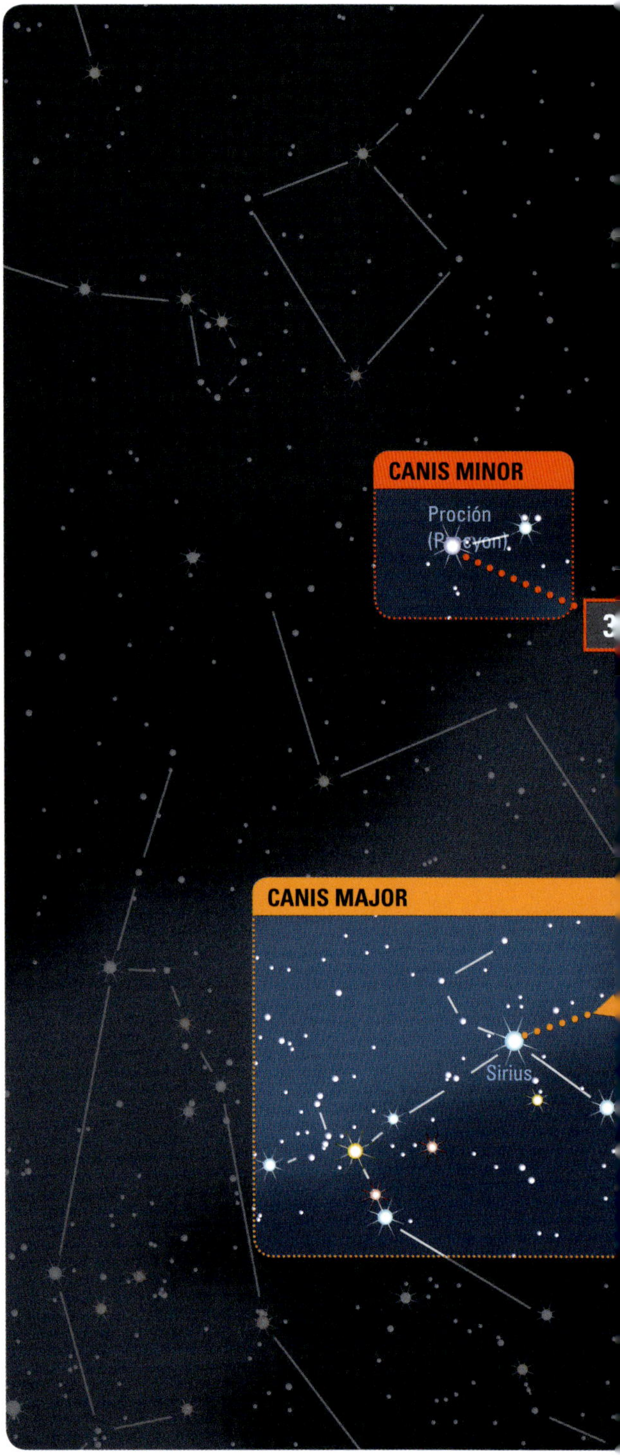

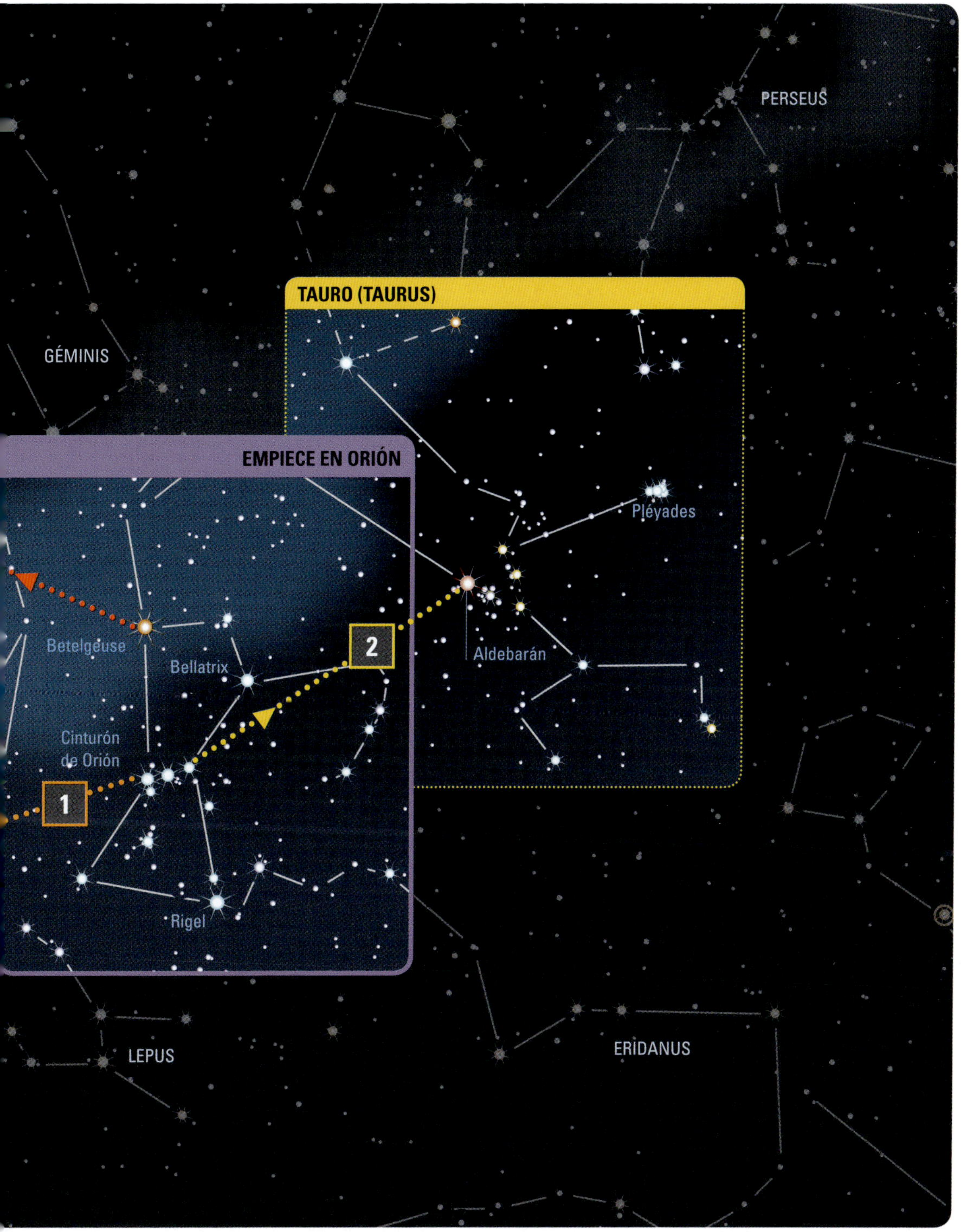
PERSEUS
TAURO (TAURUS)
GÉMINIS
EMPIECE EN ORIÓN
Pléyades
Betelgeuse
Bellatrix
2
Aldebarán
Cinturón de Orión
1
Rigel
LEPUS
ERIDANUS

Observación de **Escorpio**

La espectacular constelación de Escorpio (o Scorpius) representa el escorpión que en la mitología griega fue enviado por la diosa Artemisa para que matara a Orión. Es más fácil de ver desde el hemisferio sur, pero partes de la constelación o incluso toda ella puede verse desde las localidades más septentrionales del hemisferio norte.

Recuerde La cola del escorpión pasa por una zona de la Vía Láctea rica en hermosos cúmulos de estrellas. Aunque para empezar puede disfrutar mirando esta impresionante constelación a simple vista, vale la pena volver a verla luego con prismáticos.

Escorpio, el escorpión

Escorpio es fácil de reconocer. El corazón del animal viene indicado por la estrella supergigante roja Antares, que es centenares de veces más grande que el Sol y está a 600 años luz de distancia. Una curva de estrellas característica que pasa a través de la Vía Láctea representa la cola. Otras estrellas brillantes representan la cabeza y las pinzas del escorpión.

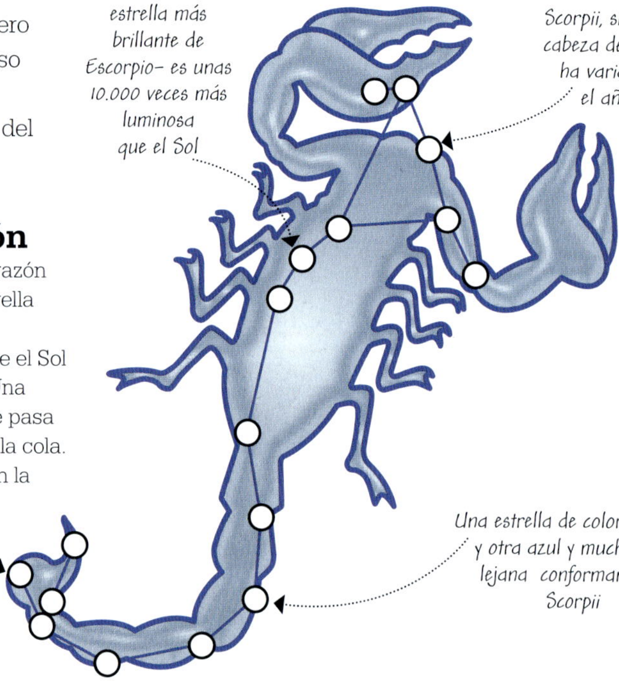

Localizadores del **hemisferio norte**

Para observadores situados en latitudes medias, las mejores posibilidades para visualizar Escorpio se dan entre abril y agosto, mirando hacia el horizonte sur. En junio, casi la totalidad de la constelación está por encima del horizonte en torno a la medianoche.

1 abril, 2h
Mirando hacia el Sur

1 junio, medianoche
Mirando hacia el Sur

1 agosto, 22h
Mirando hacia el Sur

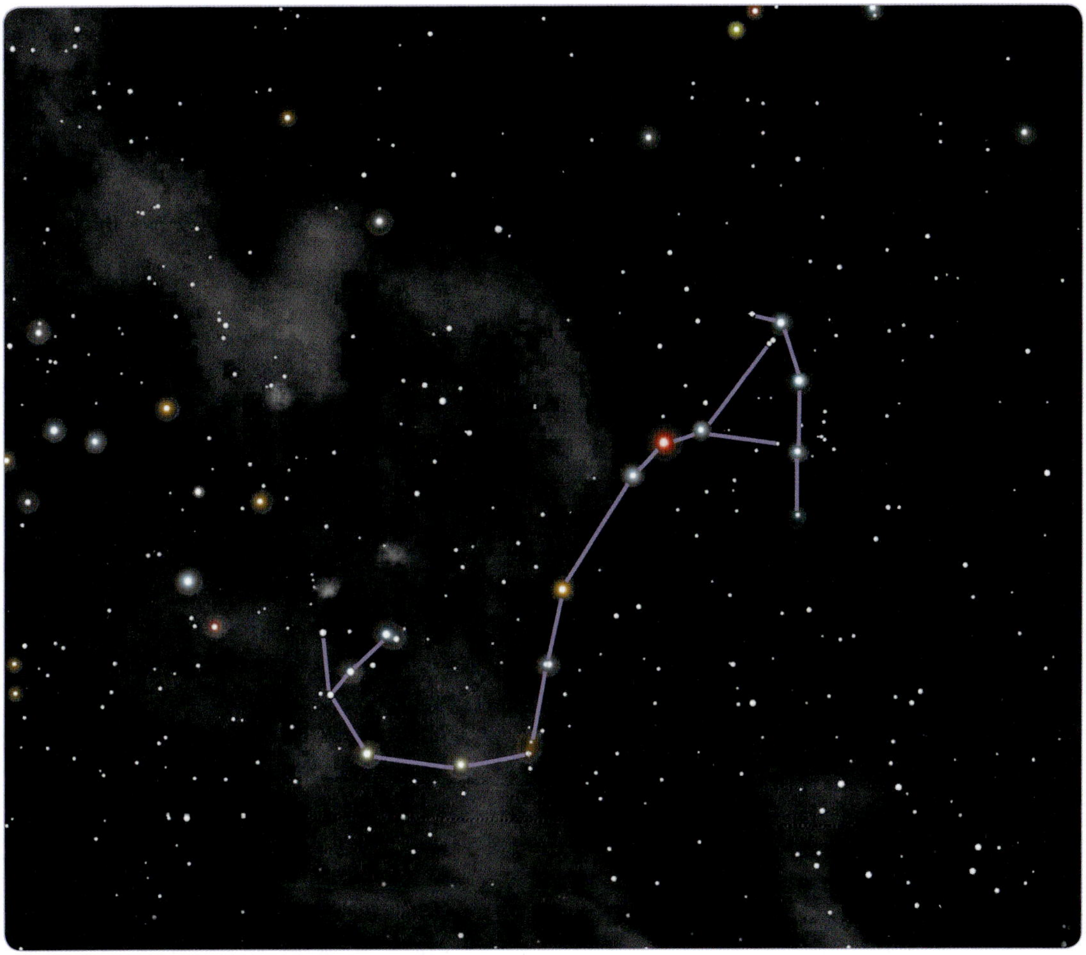

Localizadores **del hemisferio sur**

Desde las latitudes medias, Escorpio es visible a partir de febrero durante la madrugada, mirando al Este. Hacia junio Escorpio está alta en el Norte o sobre el observador poco antes de medianoche. En septiembre puede verse más al inicio de la noche, hacia el Oeste.

1 marzo, 2h
Mirando hacia el Este

1 junio, medianoche
Mirando arriba al Norte

1 septiembre, 22h
Mirando hacia el Oeste

Guía rápida **del zodíaco**

Aunque ello no sea evidente debido al brillo del Sol, a medida que la Tierra gira alrededor de él, la posición del Sol se desplaza gradualmente día tras día contra el fondo de estrellas de la esfera celeste. La trayectoria que sigue el Sol se denomina eclíptica, y la banda de esfera celeste a ambos lados de esta trayectoria recibe el nombre de zodíaco o zodiaco.

Movimientos por el zodíaco

Vistos desde la Tierra, todos los planetas también se desplazan gradualmente, a distintas velocidades, contra el fondo estrellado. A diferencia del Sol, no siguen estrictamente la línea de la eclíptica, pero permanecen siempre dentro de la banda del zodíaco. Sus movimientos se realizan predominantemente en la misma dirección que el Sol. En estos movimientos, tanto el Sol como los planetas pasan a través de 13 constelaciones, las denominadas constelaciones zodiacales.

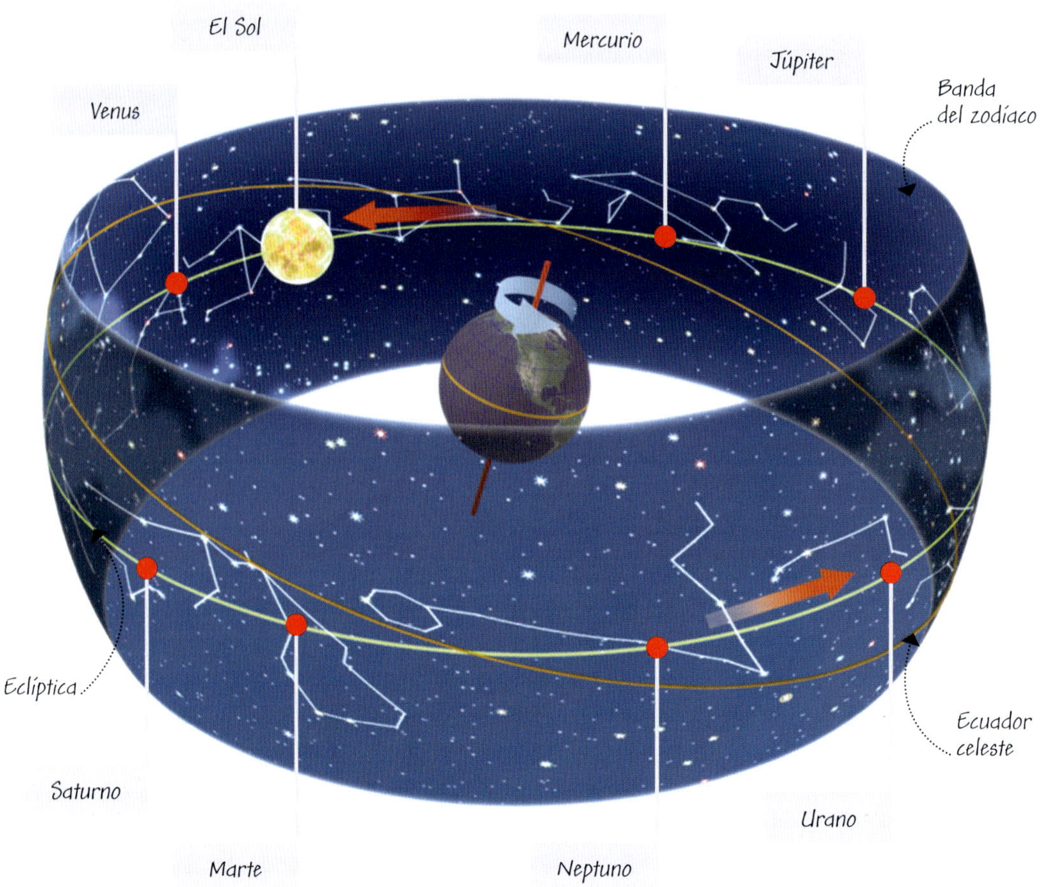

Los signos del zodíaco

Hace mucho tiempo los astrólogos adoptaron 12 de las 13 constelaciones zodiacales como los “signos del zodíaco”. Por razones oscuras la treceava –Ofiuco u Ophiuchus– fue ignorada en gran medida por los astrólogos.

Ofiuco, la treceava constelación zodiacal

Movimiento retrógrado

Los planetas se desplazan por el zodíaco básicamente en la misma dirección que el Sol, pero a veces durante unas semanas o meses hay alguno que perece moverse en sentido opuesto. Dicho planeta realiza un “movimiento retrógrado”, el cual se da sobre todo cuando la Tierra adelanta a otro planeta “en el interior” mientras gira alrededor del Sol. Así por ejemplo, la Tierra orbita más rápidamente que Marte y “adelanta a éste” cada 25 meses. Mientras esto sucede, Marte parece cambiar el sentido de su trayectoria, pero una vez la Tierra ha girado, reanuda su movimiento normal.

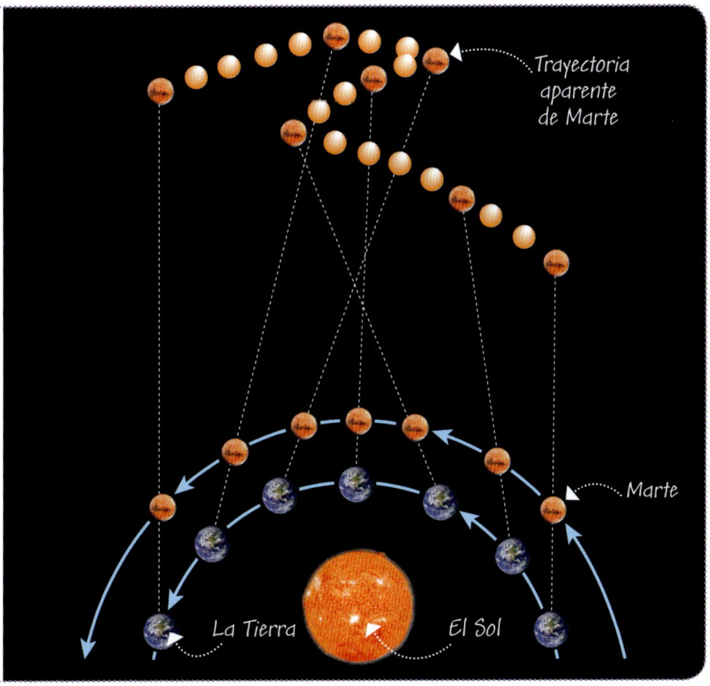

Observación de **Júpiter**

Júpiter es uno de los planetas más fáciles de detectar a simple vista: cuando está presente en un cielo despejado, resplandece con más brillo que cualquier estrella, con una luz blanca y constante. Está más cercano a la Tierra –y alcanza su máximo brillo– durante la "oposición".

Seguimiento de Júpiter

La manera más fácil de detectar Júpiter es buscarlo en el cielo nocturno en torno al momento de la oposición. La siguiente tabla muestra los meses hasta 2030 en que el planeta está en oposición o casi. También se da la constelación que Júpiter "dentro de" la cual está Júpiter en el momento de la oposición; así por ejemplo, en marzo de 2016 Júpiter se sitúa justo debajo de la constelación de Leo.

Para localizar Júpiter en torno a la oposición, mire el cielo del Sur (desde el hemisferio norte) o encima de su cabeza en torno a medianoche; o si usted está en el hemisferio sur, mire el cielo del Norte. Júpiter será el objeto más brillante que esté a la vista a excepción de la Luna.

Recuerde Júpiter sólo se mueve entre constelaciones más o menos una vez al año. Cuando no está en oposición, busque la constelación más cercana y es posible que también pueda detectar Júpiter.

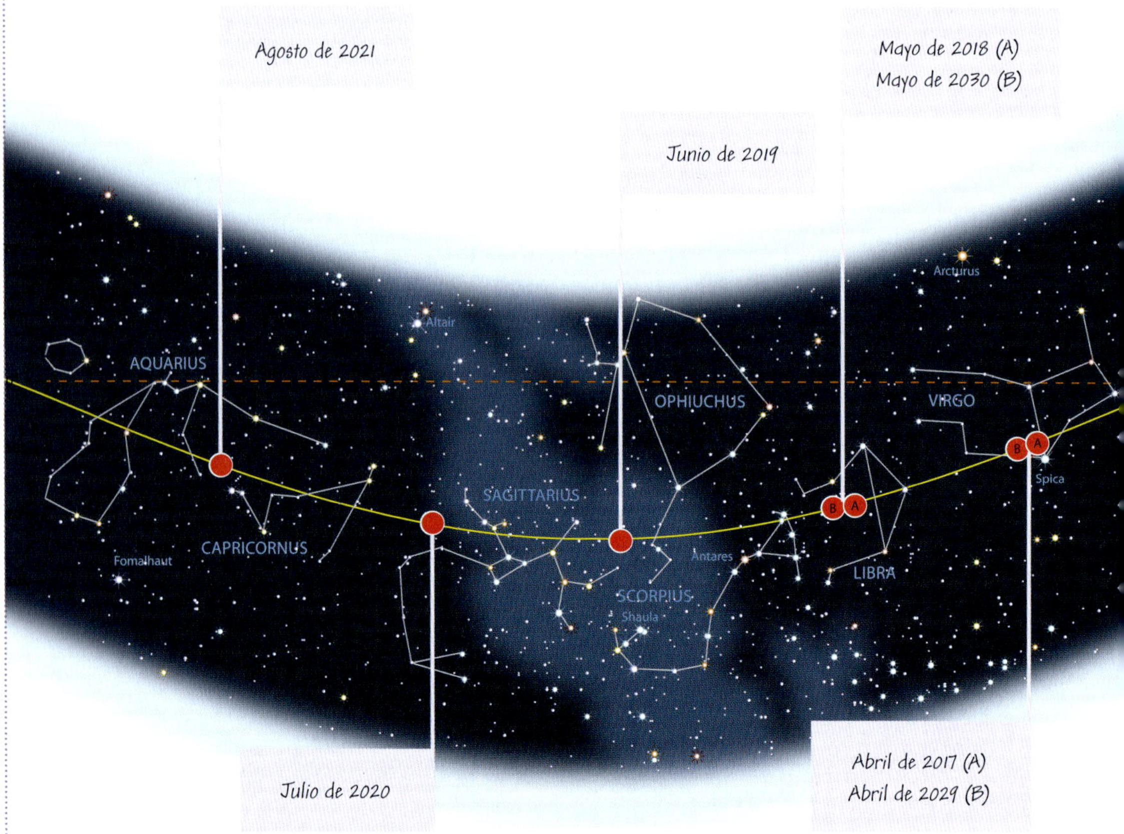

La vista desde la Tierra

Júpiter tarda 12 años en orbitar en torno al Sol. Dado que la Tierra tarda sólo un año, cada 13 meses adelanta a Júpiter "en el interior": esto se conoce como "oposición" y es el mejor momento para ver el planeta. Júpiter no puede verse cuando está en "conjunción" en el otro lado del Sol, algo que también sucede cada 13 meses.

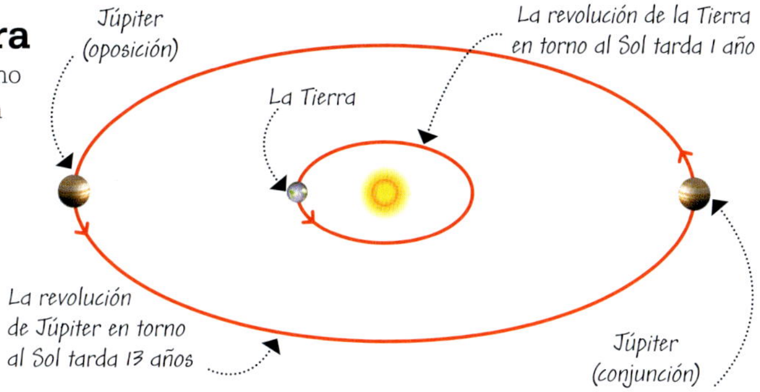

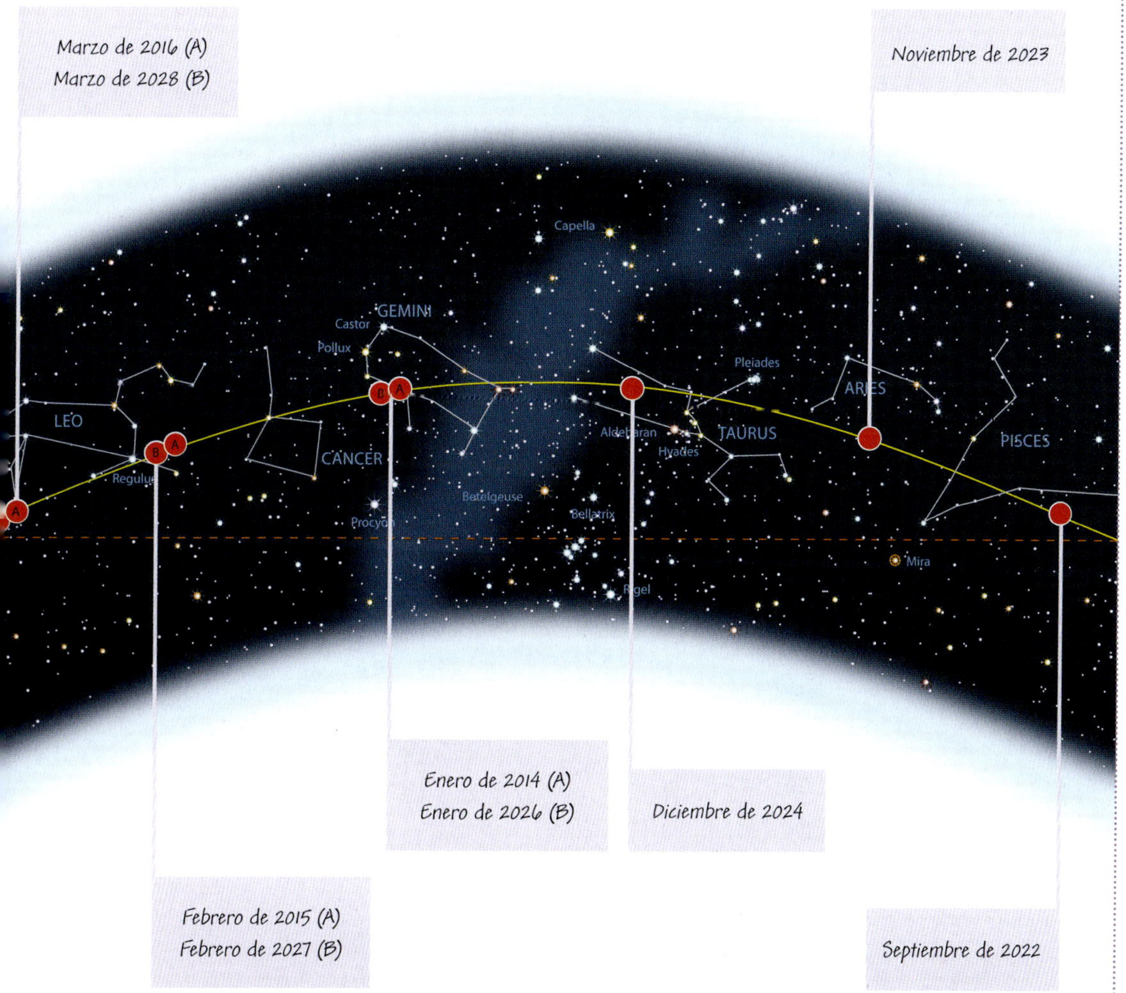

Una guía rápida de **Júpiter**

Júpiter es con diferencia el mayor planeta del Sistema Solar y su masa es casi 2,5 veces la de los demás planetas combinados. Tiene una atmósfera turbulenta con vientos de hasta 625 km/h y el campo magnético más fuerte de todos los planetas. Gracias a su inmensa gravedad, Júpiter ha reunido una enorme colección de lunas.

Órbita

La órbita de Júpiter es muy elíptica –su distancia al Sol varía en 76,1 millones de kilómetros–. Júpiter se inclina tan sólo ligeramente mientras gira sobre su eje y dado que ninguno de sus hemisferios señala nunca marcadamente hacia el Sol ni en sentido opuesto, el planeta gigante no tiene estaciones. Júpiter tiene un giro especialmente rápido, lo que crea un patente abultamiento en su ecuador.

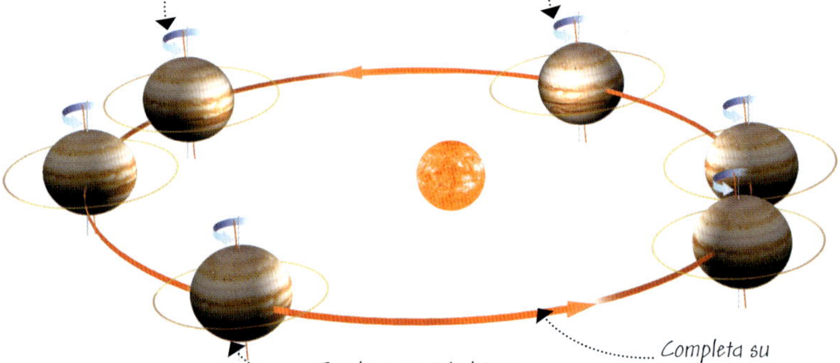

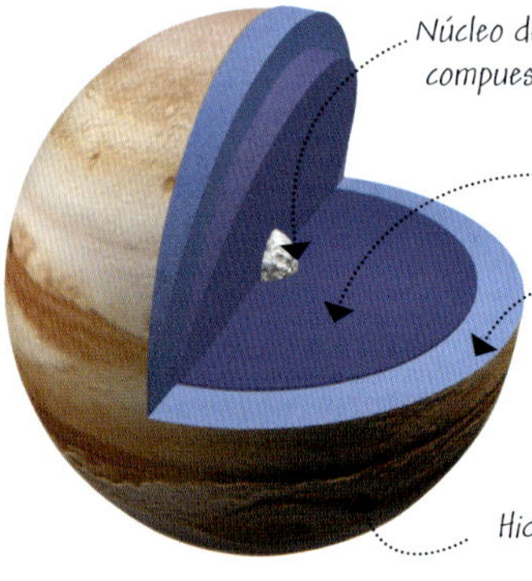

Estructura

Es un denso núcleo que podría consistir parcialmente en roca. Alrededor de este hay capas líquidas, principalmente de hidrógeno y helio, que dan paso gradual a una atmósfera de hidrógeno y helio gaseosos.

La Gran Mancha Roja

El detalle más grande y patente de la superficie de Júpiter es la Gran Mancha Roja, una enorme tormenta persistente que ha estado rugiendo durante al menos 300 años. Gira en sentido antihorario y completa su giro en unos 6 días.

Perfil de Júpiter

Júpiter es el quinto planeta a partir del Sol y con su diámetro de 142.984 km es el planeta más grande del Sistema Solar.

Distancia media al Sol
778,3 millones de km

Completa su órbita en torno al Sol en
11,86 años

Completa el giro sobre su eje en
9 horas 55 minutos 30 segundos

Máxima magnitud aparente
-2,9 (ver p. 51)

Distancia máxima a la Tierra
968,1 millones de km

Distancia mínima a la Tierra
588,5 millones de km

Máximo tamaño angular en el cielo
50,1 segundos de arco (ver p. 12)

Número de satélites
67 confirmados en julio de 2013

Comparación de tamaños

Observación de **Perseo**

Perseo (o Perseus), una destacada constelación septentrional, representa al héroe mitológico que mató a la gorgona Medusa. Si usted se halla en el hemisferio norte, ésta es una de las primeras constelaciones que vale la pena identificar y su estrella Algol es un astro especialmente interesante de observar, ya que su brillo fluctúa periódicamente.

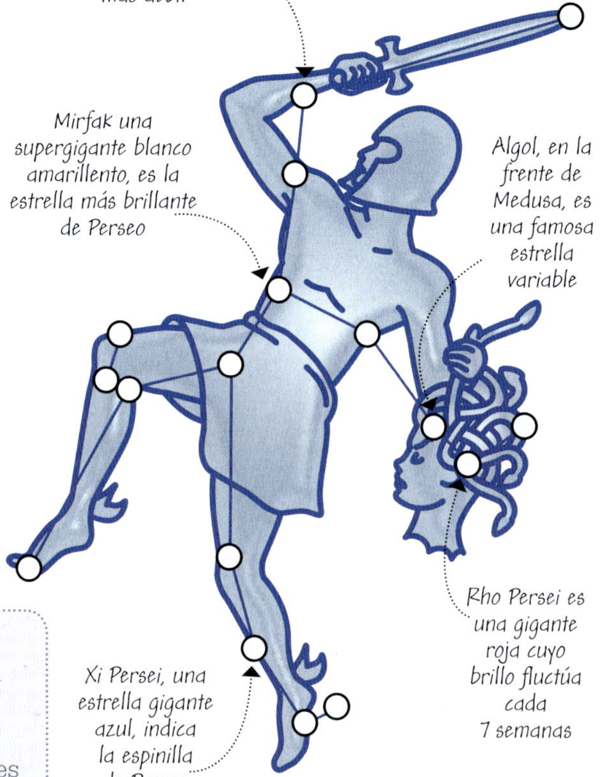

Perseo, el héroe griego

La figura de Perseo se representa con su espada en una mano y la cabeza cortada de Medusa en la otra. La brillante estrella Mirfak –en el abdomen del héroe– se encuentra en el centro de un cúmulo de estrellas azules más tenues. Cerca del mango de la espada hay un cúmulo estelar doble que aparece como una mancha brillante en la Vía Láctea.

Recuerde Tras identificar Perseo, mire la estrella Algol durante varias noches. Cada 69 h su brillo pierde intensidad durante unas 10 h. Esto es porque consiste en dos estrellas que giran una en torno a la otra; es una binaria eclipsante (ver p. 53).

Localizadores del **hemisferio norte**

Para un observador de las latitudes medias (40° N), Perseo es visible en algún momento de la noche durante la mayor parte del año. Las mejores estaciones para verla son otoño e invierno, cuando la constelación está alta en el Sur o sobre la cabeza del observador en torno a la medianoche.

1 julio, 4h
Mirando al Este

1 nov., medianoche
Mirando al Sur

1 marzo, 20h
Mirando al Oeste

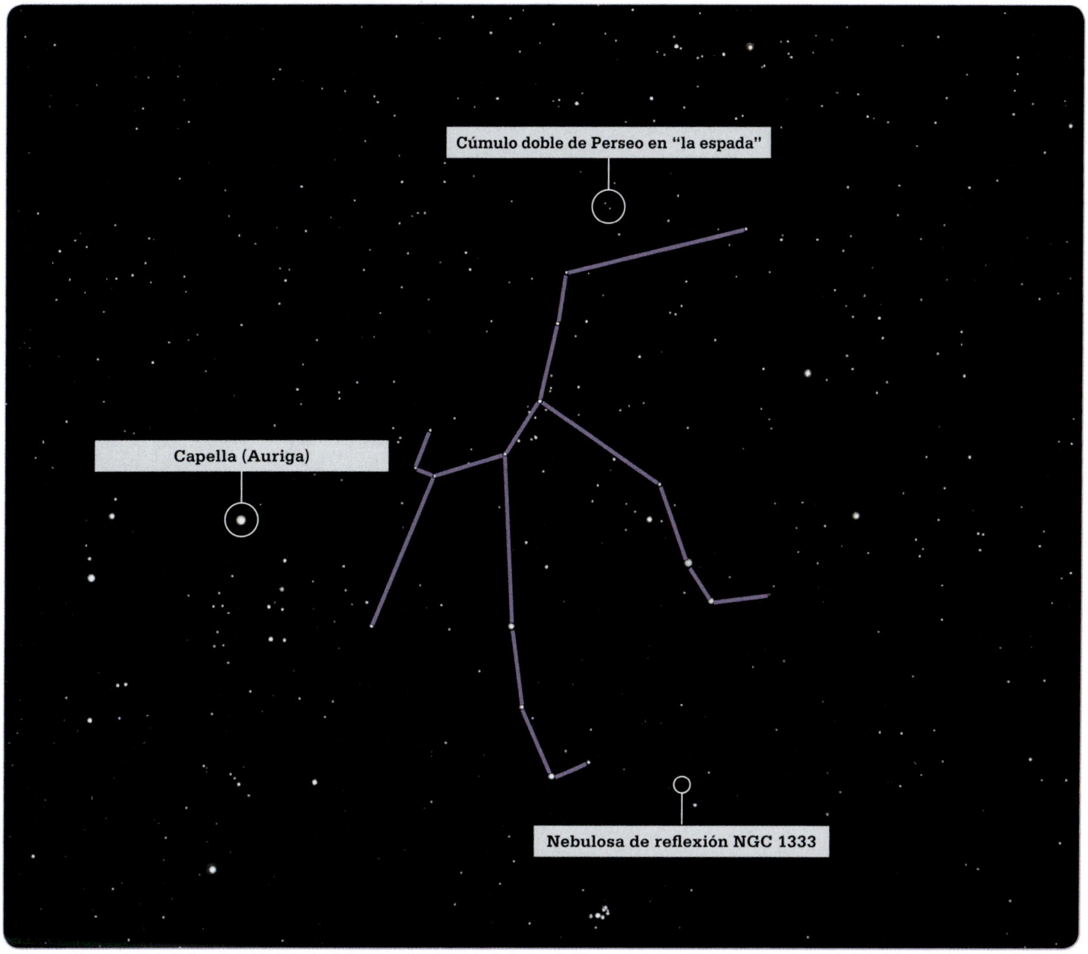

Nebulosa de reflexión NGC 1333

Cerca del pie izquierdo de Perseo hay una nube de polvo que refleja la luz y otras radiaciones de las estrellas cercanas. Esta "nebulosa de reflexión" está a 1.000 años luz. Los resplandores rojos y verdes de la luz infrarroja fueron detectados por el Telescopio Spitzer de la NASA.

Observación de una **lluvia de meteoros**

Meteoros es el nombre que los astrónomos dan a las estrellas fugaces: pequeños granos de polvo espacial que golpean la atmósfera terrestre a una gran velocidad y al hacerlo se queman y consumen, creando rayas de luz que surcan el cielo. En ciertas épocas del año pueden observarse "lluvias" de meteoros: muchos destellos que parecen emanar del mismo punto del cielo, el denominado radiante.

Cuándo y dónde observar una lluvia de meteoros

Identifique la próxima lluvia de estrellas utilizando la tabla siguiente, teniendo en cuenta la época del año y si usted está observando desde el hemisferio Norte o desde el Sur. Elija una noche despejada en o cerca de una fecha de lluvia principal de meteoros –preferiblemente sin Luna llena ni Luna gibosa menguante (ver p. 30)– y encuentre un lugar bien alejado de la contaminación lumínica y con una buena vista a todo el cielo. Empiece mirando los meteoros en torno a medianoche o durante la madrugada. Para entonces, el radiante de la mayoría de las lluvias ya estará bastante alto por encima del horizonte.

Técnica de observación

Escrute el cielo e identifique la constelación que contiene el radiante, el punto del que emanará la mayoría de los meteoritos. La tabla de abajo recoge la constelación pertinente para cada lluvia de estrellas. Si es necesario, use un planisferio celeste (ver p.59) para localizarla en el cielo con más facilidad. Espere 20 minutos para que sus ojos se adapten a la oscuridad. Luego, siéntese o túmbese, mire hacia arriba y sea paciente. Los destellos pueden producirse en cualquier lugar del cielo y por lo general son rápidos e impredecibles, pero a la hora o así ya debería haber visto un buen número.

Fechas de las lluvias principales de meteoros

Intervalo de fechas	Fechas de máximos	Constelación	Lluvia	Máx. por hora
28 dic.-12 ene.	3-4 de enero	Bootes (N)	Cuadrántidas	100
21 abr.-24 mayo	6 de mayo	Acuario (S)	Eta-Acuáridas	35
21 abr.-24 mayo	6 de mayo	Acuario (S)	Eta-Acuáridas	35
14 jul.-18 ago.	28 y 29 de julio	Acuario (S)	Delta-Acuáridas Sur	20
15 jul.-25 ago.	1 de agosto	Capricornio (N, S)	Alfa Capricórnidas	5
23 jul.-22 ago.	12 de agosto	Perseo (N)	Perseidas	80

Meteoros perseidas y la Vía Láctea

Intervalo de fechas	Fechas de máximos	Constelación	Lluvia	Máx. por hora
27 sept.- 2dic.	30 oct-7 nov.	Tauro (N, S)	Táuridas	10
5 -30 oct.	20 de octubre	Orión (N, S)	Oriónidas	35
14-21 nov.	17 de noviembre	Leo (N, S)	Leónidas	Variable
6-18 dic.	14 de diciembre	Géminis (N)	Gemínidas	100
17-25 dic.	22 de diciembre	Osa Menor (N)	Úrsidas	102

(N) Más visible desde el hemisferio norte (S) Más visible desde el hemisferio sur (N, S) Visible desde ambos hemisferios

Guía rápida de **meteoros y meteoritos**

Desplazándose por el espacio dentro del Sistema Solar hay grandes cantidades de polvo y rocas que provienen de cometas y asteroides fragmentados. Cuando un pequeño grano de este material golpea la atmósfera de la Tierra y arde y se consume, se llama *meteoro*; pero si una gran masa de él penetra en la atmósfera y llega a la tierra sin vaporización, se denomina *meteorito*.

Lluvias de meteoros

Los meteoros o estrellas fugaces se pueden ver cualquier noche pero las lluvias tienden a ocurrir en ciertas épocas del año cuando la Tierra, en su órbita en torno al Sol, pasa a través de la estela de polvo de un cometa. Así por ejemplo, la lluvia de meteoros de las Perseidas –que tiene su máximo en agosto– se produce cuando la Tierra pasa por la estela de polvo del cometa Swift-Tuttle. La estela de polvo tiene una orientación específica en el espacio, lo que significa que todas las estrellas fugaces parecen originarse en un mismo punto del cielo llamado radiante.

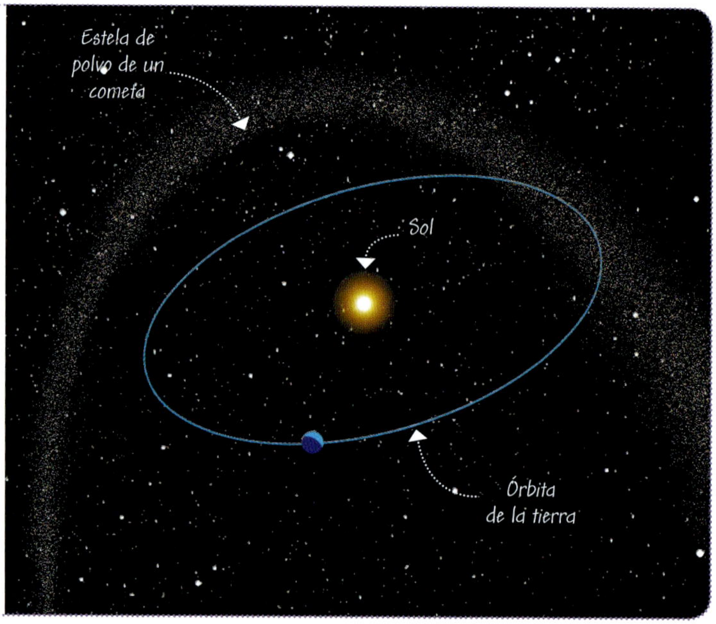

Meteoritos

Se clasifican según su composición.
Los meteoritos metálicos, de hierro o sideritos son aleaciones hierro-níquel; los pétreos o rocosos son de piedras o rocas y los metalorocosos, petro-ferrosos o siderolitos son mezclas de rocas y de aleaciones hierro-níquel. Raramente un meteorito puede herir a una persona cuando aterriza. Un gran meteorito puede crear también un cráter de impacto masivo.

Meteorito metálico

Meteorito pétreo

Meteorito metalorocoso

Meteoro Gemínida sobre Irán

Observación de **Cygnus**

Durante el verano en el hemisferio norte, una hermosa constelación a tener en cuenta es la de Cygnus, el Cisne. Su estrella más brillante, Deneb, también pertenece a un magnífico trío de estrellas conocido como el Triángulo de verano. Si puede detectar este triángulo, esto le ayudará a localizar asimismo a Cygnus.

Cygnus, el Cisne

La figura de la constelación representa un cisne volando hacia el Sur a lo largo de la Vía Láctea (en una noche oscura debería poder ver esto en el fondo nocturno). Deneb se encuentra en la cola del cisne y las otras dos estrellas del Triángulo de verano están en constelaciones cercanas: son Vega en Lira y Altaír en Aquila.

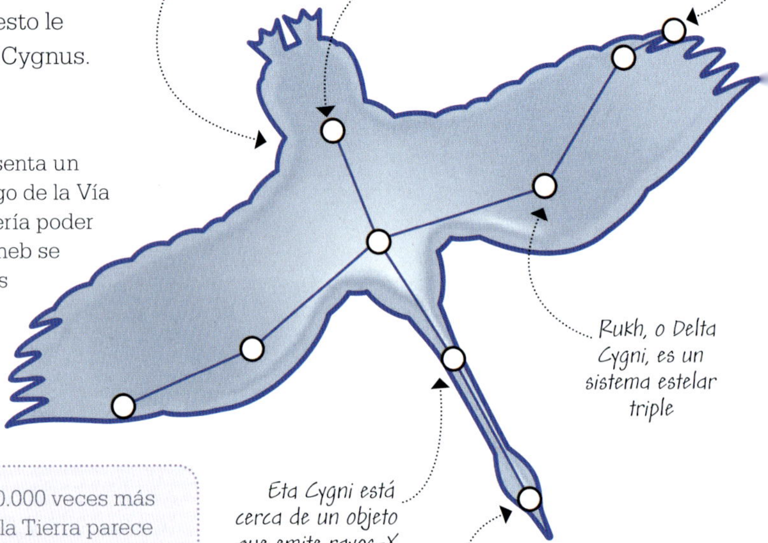

Recuerde Deneb podría ser 200.000 veces más luminosa que el Sol, pero desde la Tierra parece más débil que las otras dos estrellas del Triángulo de verano. Esto se debe a que está a más de 1.500 años luz de distancia en comparación con los 25 y 17 años luz de Vega y Altaír.

Localizadores del **hemisferio norte**

Desde las latitudes medias (unos 40° N), Cygnus es visible en algún momento de la noche durante todo el año. En la medianoche de verano está casi encima de la cabeza y desde otoño hasta mediados de invierno debería verla de noche temprano en el cielo del Oeste.

1 mayo, 2h
Mirando al Este

1 agosto, medianoche
Mirando arriba al Sur

1 nov., 22h
Mirando al Oeste

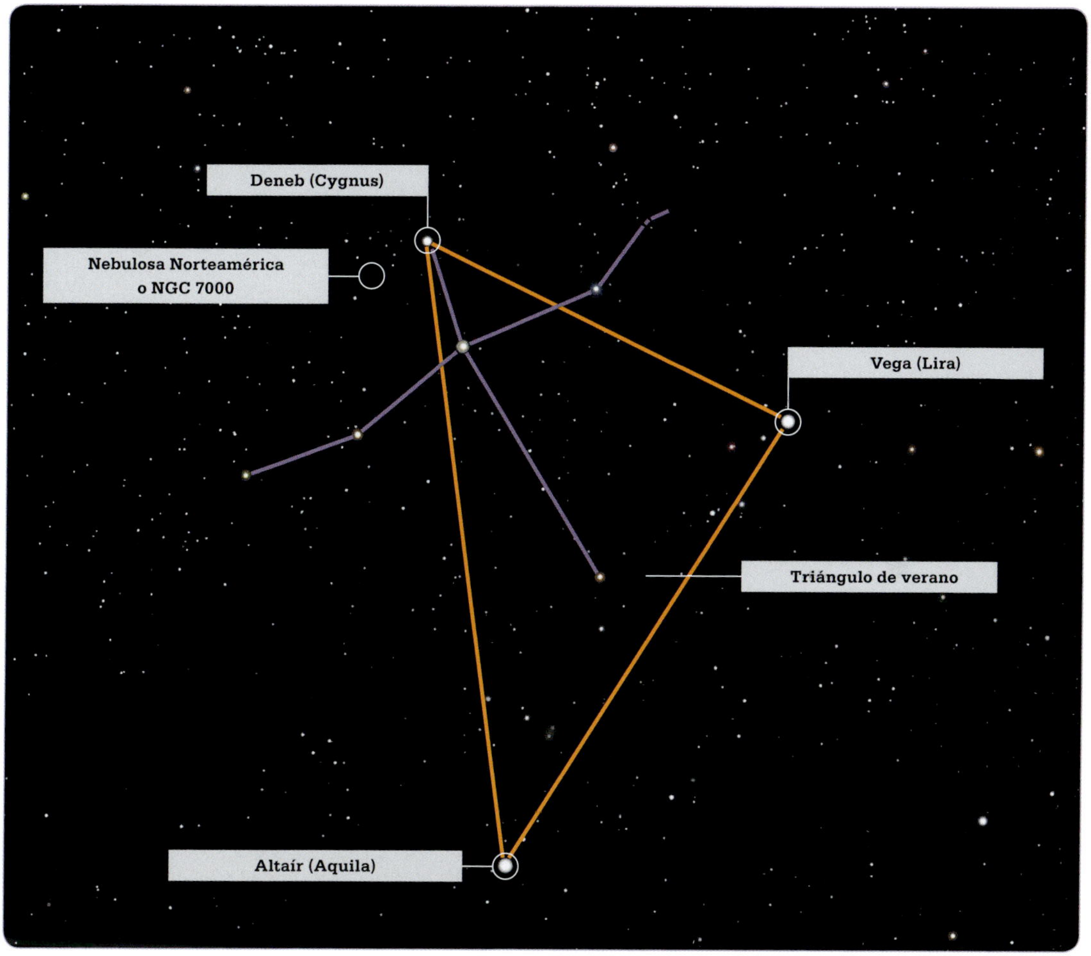

Nebulosa Norteamérica o NGC 7000

Cerca de Deneb existe una mancha algo más brillante de la Vía Láctea conocida como Nebulosa de Norteamérica debido a su parecido con la forma de este continente. Es una nebulosa de emisión (ver p. 116) y puede necesitar prismáticos.

Saltos de estrellas desde **el Triángulo de verano**

Las tres estrellas más brillantes en los veranos septentrionales –Deneb, Vega y Altaír– forman una clara marca de referencia triangular que le servirá para identificar constelaciones cercanas. Intente estos "saltos de estrellas":

1 **Hasta Hércules** Desde Deneb, la estrella más débil del Triángulo, siga una línea imaginaria a lo largo del lado más corto del Triángulo hasta Vega. Prolongue esta línea hasta más o menos la misma distancia otra vez y llegará a la constelación de Hércules. Busque un asterismo de cuatro estrellas característico dentro de Hércules –la Piedra Angular o "Keystone"– justo a un lado de su línea imaginaria.

2 **Hasta Nunki en Sagitario** Partiendo de Deneb, trace una línea a través de Altaír, la tercera estrella del Triángulo de verano. Si continúa con esta línea hasta la misma distancia otra vez y se desvía un poco hacia la izquierda, llegará a una estrella llamada Nunki, que es la segunda estrella más brillante de la constelación de Sagitario.

3 **Hasta la cabeza de Draco** Deneb se encuentra en la "cola" de Cygnus. Si utiliza la carta de la derecha encontrará la estrella central de Cygnus, de nombre Sadr. Desde aquí visualice una línea hasta Delta Cygni (o Ruc), en el ala del Cisne. Prolongue la línea y llegará a dos estrellas brillantes de la constelación de Draco. Junto a éstas hay dos estrellas más débiles; juntas, forman la cabeza del dragón.

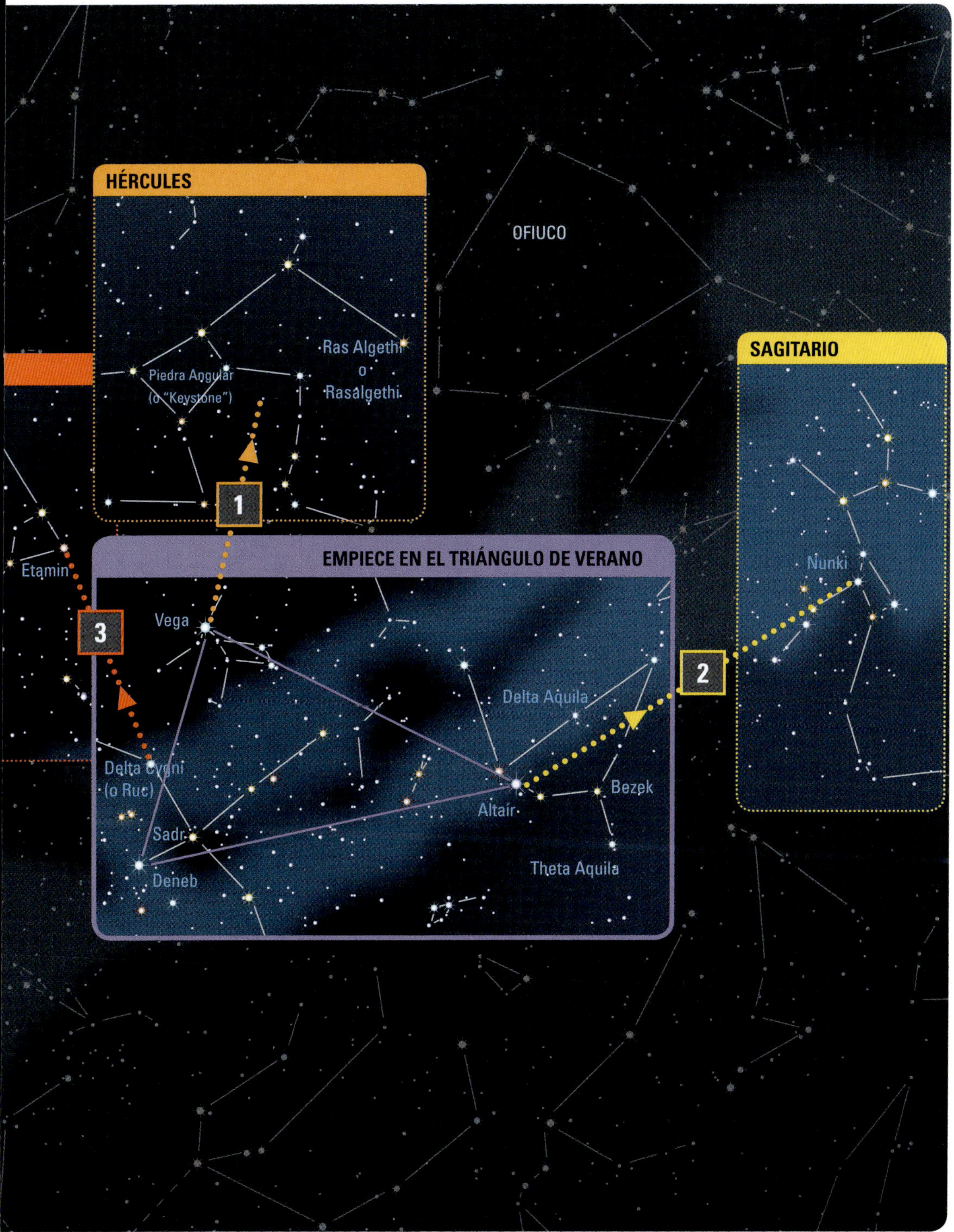
HÉRCULES
Piedra Angular (o "Keystone")
Ras Algethi o Rasalgethi
OFIUCO
SAGITARIO
Nunki
EMPIECE EN EL TRIÁNGULO DE VERANO
1
2
3
Etamin
Vega
Delta Aquila
Delta Cygni (o Ruc)
Altaír
Bezek
Sadr
Deneb
Theta Aquila

Observación de **Venus**

Venus, nuestro vecino más cercano, es inconfundible y espectacular cuando está presente en el cielo vespertino o en el de la madrugada. Brilla más que todo lo demás excepto el Sol y la Luna.

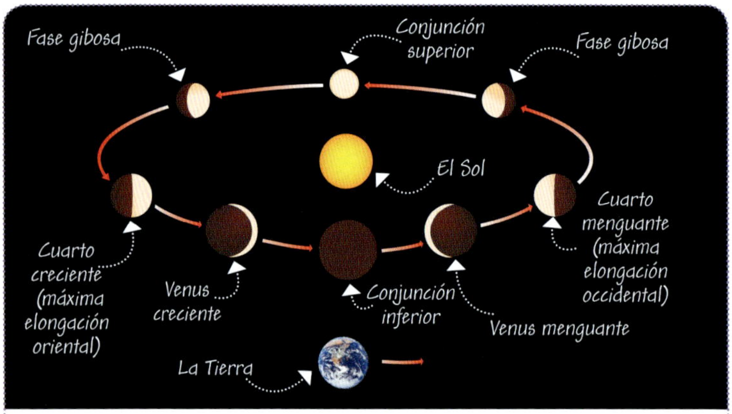

La vista desde la Tierra

Venus gira alrededor del Sol más rápido que la Tierra y la adelanta "por el interior" cada 19 meses. Nosotros no lo vemos en el punto de cada adelantamiento (conjunción inferior), ya que se encuentra entre la Tierra y el Sol, pero después, durante unos 6 meses, Venus puede se en el Este al amanecer. A continuación se desplaza fuera de la vista en el otro lado del Sol (conjunción superior) durante unos pocos meses. Venus aparece de nuevo en el Oeste en torno a la puesta del sol y después de ella durante 6 meses hasta que vuelve a adelantar a la Tierra.

Localización de Venus

Elija una fecha dentro de las 6 semanas de "máxima elongación", ya que entonces Venus estará a su máxima distancia del Sol y será más fácil de ver. Puede no verla cuando el planeta está en su punto más brillante; para las apariciones vespertinas viene unas semanas más tarde. Necesitará prismáticos o un telescopio para ver las fases similares a las lunares que Venus muestra durante cada uno de sus ciclos de 19 meses.

MIRE AL ESTE temprano, antes del amanecer

Fecha	Máx. de brillo	Elongación máx.
ene.–ago. 2014	3–24 feb.	22 mar.
sep. 2015–mar. 2016	10 sep.–6 oct.	26 oct.
abr.–oct. 2017	18 abr.–7 mayo	3 jun.
nov. 2018–mayo 2019	20 nov.–14 dic.	6 ene.
jun. 2020–ene. 2021	26 jun.–28 jul.	13 ago.
feb.–ago. 2022	31 ene.–22 feb.	20 mar.
sep. 2023–mar. 2024	8 sep.–2 oct.	23 oct.
abr.–oct. 2025	15 abr.–5 mayo	1 jun.

Venus al atardecer sobre Selsey Beach, en Sussex

MIRE HACIA EL OESTE a la puesta de sol y después de ella

Fecha	Máx. de brillo	Elongación máx.
feb.–ago. 2015	6 jun.	22 jun.–24 jul.
sep. 2016–mar. 2017	12 ene.	7–27 feb.
abr.–oct. 2018	17 ago.	9 sep.–5 oct.
nov. 2019–mayo 2020	24 mar.	18 abr.–5 mayo
jun. 2021–ene. 2022	29 oct.	22 nov.–18 dic.
feb.–jul. 2023	4 jun.	20 jun.–22 jul.
ago. 2024–feb. 2025	10 ene.	4–24 feb.
abr.–oct. 2026	15 ago.	8 sep.–3 oct.

Sugerencia Si mira en el cielo en torno a o después de la puesta de sol, o hacia al amanecer según la fecha que ha elegido, normalmente no tendrá ningún problema de identificación de Venus ya que entonces será el objeto más brillante de esta parte del cielo, con diferencia. Puede volver a ver el planeta más o menos en el mismo lugar durante atardeceres o amaneceres subsiguientes.

Una guía rápida de **Venus**

Es similar a la Tierra en tamaño y estructura, pero difiere en otros aspectos. Una manta continua de nubes densas envuelve el planeta permanentemente, y por debajo de ella se encuentra una superficie sombría, abrasadora, sin agua y sin vida. La actividad volcánica que dio forma a Venus se produjo hace unos 500 millones de años.

Órbita

Tiene la mayor órbita casi circular de todos los planetas. Gira sobre su eje en sentido opuesto a los otros planetas, a excepción de Urano que gira sobre su lado, casi sobre el plano orbital. Su período de rotación, de más de 243 días de la Tierra, es más largo que el de los otros planetas, por lo que un día de Venus dura más que el año venusiano (225 días terrestres).

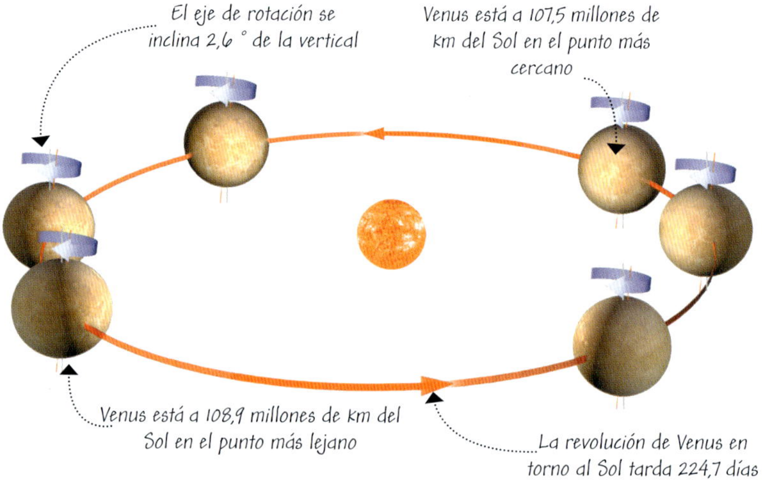

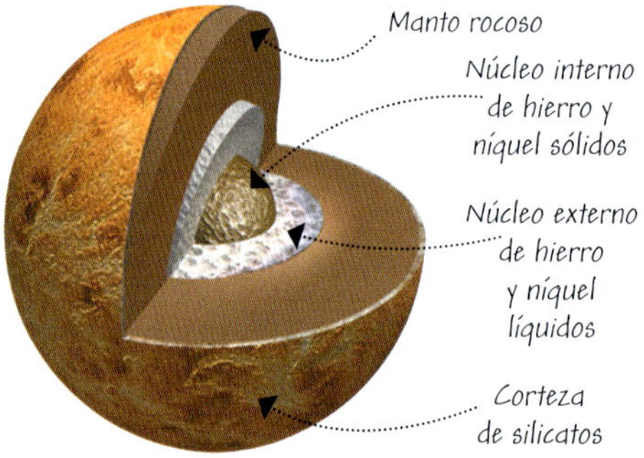

Estructura

Tiene un núcleo interno metálico sólido, un núcleo externo metálico fundido y un grueso manto rocoso recubierto por una fina corteza. Su atmósfera es extremadamente espesa, en su mayor parte de dióxido de carbono.

Maat Mons

Las imágenes de la superficie de Venus transmitidas por sondas revelan un paisaje yermo conformado por enormes volcanes. Maat Mons, el volcán más grande de Venus, se alza a 5 km por encima de las llanuras circundantes.

Perfil de Venus

Venus es el segundo planeta a partir del Sol. Con un diámetro de 12.104 km, es el tercer planeta más pequeño del Sistema Solar.

Distancia media al Sol
108,2 millones de km

Completa su órbita en torno del Sol en
224,7 días

Completa el giro sobre su eje en
243 días 16 horas 28 minutos

Máxima magnitud aparente
-4,6 (ver p.51)

Distancia máxima a la Tierra
261 millones de km

Distancia mínima a la Tierra
38,2 millones de km

Máximo tamaño angular en el cielo
66 segundos de arco (ver p.12)

Número de satélites
0

Comparación de tamaños

Observación de **satélites artificiales**

Muy por encima de la superficie de la Tierra hay miles de objetos lanzados al espacio por el hombre. Estos satélites artificiales varían desde simples esferas que reflejan los rayos láser hasta telescopios espaciales complejos y una gran estación espacial tripulada, la Estación Espacial Internacional (ISS). Es más fácil observar algunos de estos objetos desde la Tierra de lo que usted cree.

Órbitas de satélites artificiales

Siguen una gran variedad de órbitas diferentes alrededor de la Tierra, que se establecen ya en el lanzamiento y que son ajustadas de modo continuo por señales enviadas desde las estaciones de control de la Tierra. Los satélites en órbita baja terrestre –y muy especialmente la Estación Espacial Internacional y el Telescopio Espacial Hubble– se ven desde el suelo como puntos de luz –luz debida a la reflexión de la luz solar– en movimiento constante a través del cielo. Diferentes satélites de órbita baja cruzan el cielo en varias direcciones –de Este a Oeste, de Norte a Sur u oblicuamente.

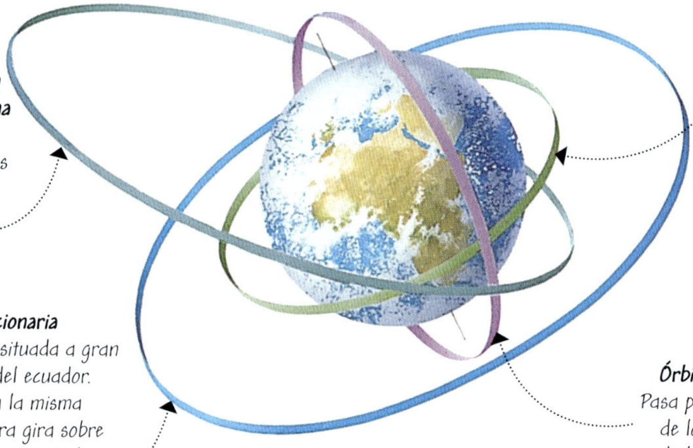

Destellos de iridio

Muchos satélites artificiales cruzan el cielo cada noche, pero un grupo es responsable de los fenómenos conocidos como "Iridium Flares" o Destellos de iridio, destellos de luz que duran hasta 10 segundos. Se producen cuando las antenas de los satélites de comunicaciones Iridium –que en un principio tenían que ser 77 como el n.° atómico del iridio, y de ahí su nombre– reflejan un intenso haz de luz solar hacia la Tierra; son predecibles. Calculadores de Internet le dirán cuándo se espera alguno.

Estación Espacial Internacional

La ISS es el más notable de todos los satélites: un punto muy brillante, muy definido y similar a una estrella que se mueve por el cielo a un ritmo lento y constante. Duran típicamente de 1 a 7 minutos: puede atravesar una gran área del cielo antes de desaparecer en la sombra de la Tierra.

Para una localidad de observación dada suelen haber "periodos de sobrevuelo" regulares de la ISS que duran a una semana, durante la cual la estación espacial puede hacer varios pases visibles, poco después de la puesta del sol o antes de su salida, cuando ya refleja la luz solar. La NASA ofrece una web que indica cuándo la ISS será visible desde su zona, así como la ubicación en el cielo donde aparecerá por primera vez y donde se trasladará antes de desaparecer.

La ciencia de la **gravedad y las órbitas**

Es una fuerza que atrae a los objetos y tiende a juntarlos con una fuerza que depende de las masas de dichos objetos y de la distancia entre ellos. La atracción gravitacional entre objetos de tamaños cotidianos, tales como dos bolas de billar una junto a otra, es muy pequeña. Pero si al menos uno de los objetos es grande –como un planeta– o si la cantidad total de materia es grande, tiene un efecto profundo.

¿Qué hace la gravedad?

Algunos de los efectos importantes de la gravedad son: mantiene juntos los objetos muy grandes, tales como estrellas, y mantiene varios cuerpos en órbita unos alrededor de otros. Dado que hace que la materia se agregue, sin ella nunca se habrían formado las galaxias, las estrellas y los planetas, el universo consistiría en tan sólo una delgada aunque enorme nube de gas.

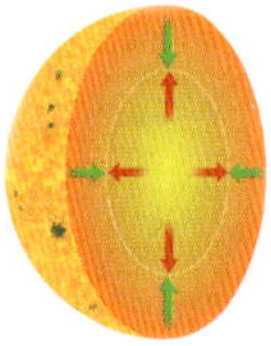

Mantiene las estrellas juntas: sin ella, las estrellas se dispersarían por el espacio

Mantiene los planetas en órbita alrededor del Sol

Mantiene todos los objetos de la Vía Láctea galaxia en órbita alrededor del centro galáctico

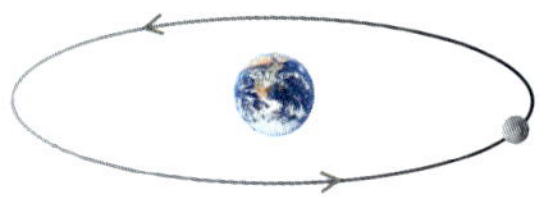

Mantiene todos los objetos de la Vía Láctea galaxia en órbita alrededor del centro galáctico

Teoría newtoniana de la gravitación

El científico Isaac Newton fue el primero en darse cuenta de que la misma fuerza que hace que una manzana caiga al suelo en la Tierra –la gravedad– también hace que la Luna orbite en torno a la Tierra, que la Tierra y otros planetas orbiten alrededor del Sol, y así sucesivamente. Razonó que un objeto permanece estacionario o se desplaza a velocidad constante en línea recta a menos que una fuerza actúe sobre él. En el caso de la Luna, la fuerza de gravedad actúa continuamente para atraer la Luna hacia la Tierra. Ésta transforma en una órbita la trayectoria en línea recta que seguiría la Luna si no hubiera gravedad.

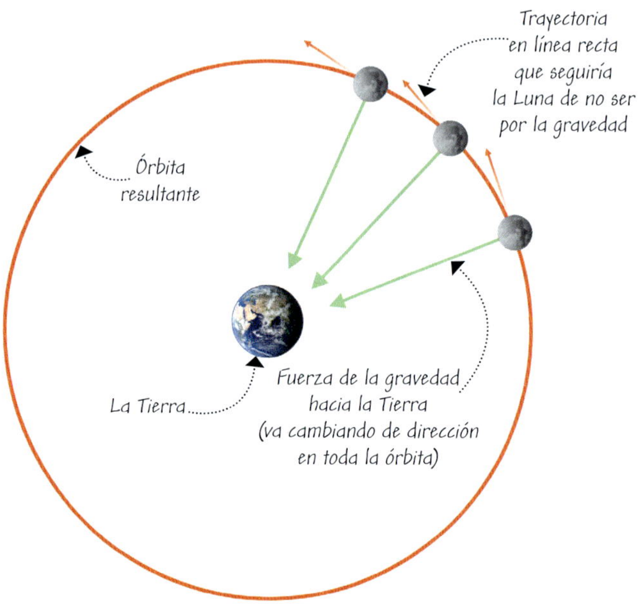

Centro de gravedad común

Solemos pensar en un objeto pequeño que orbita en torno a uno mucho mayor, pero en el espacio hay muchos ejemplos de dos cuerpos –normalmente estrellas– de tamaño más igualado que orbitan uno en torno al otro. Dicho con más precisión, cada uno de ambos cuerpos orbita en torno al centro de gravedad –o centro de masas– común de todo el sistema, tal como se muestra en el siguiente diagrama.

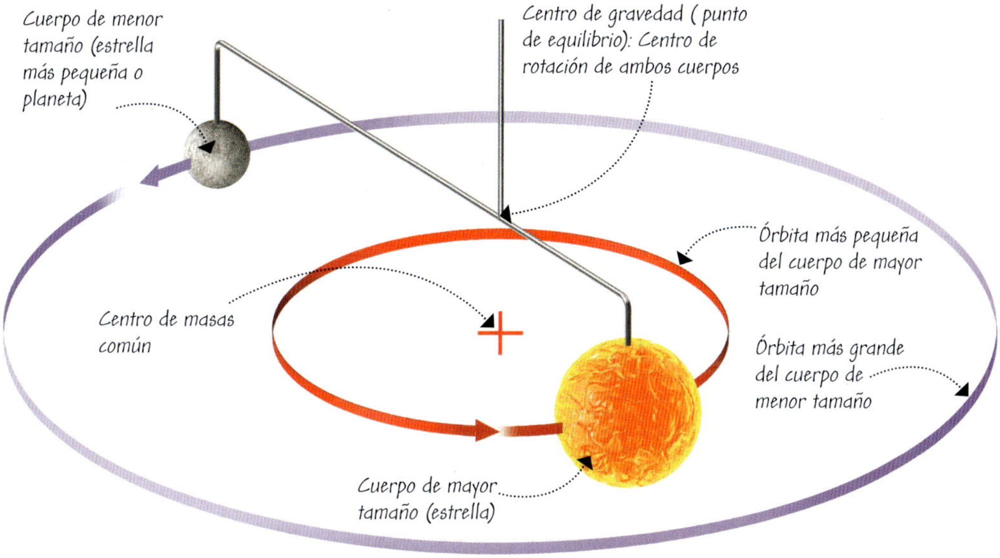

Formas de órbitas y excentricidad

Todas las órbitas no artificiales tienen forma de elipse, esto es, de un círculo "estirado". Al grado en que una órbita elíptica se diferencia de un círculo perfecto se le llama su excentricidad. De las órbitas que se acercan bastante al círculo –tales como la órbita de la Luna alrededor de la Tierra– son de excentricidad baja, mientras que las órbitas que son elipses muy alargadas son de excentricidad elevada. Las órbitas de los cometas alrededor del Sol, varían desde muy hasta extremadamente excéntricas.

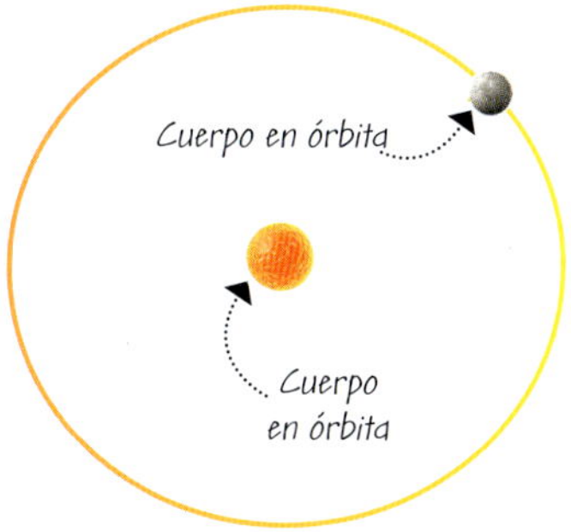

Excentricidad baja

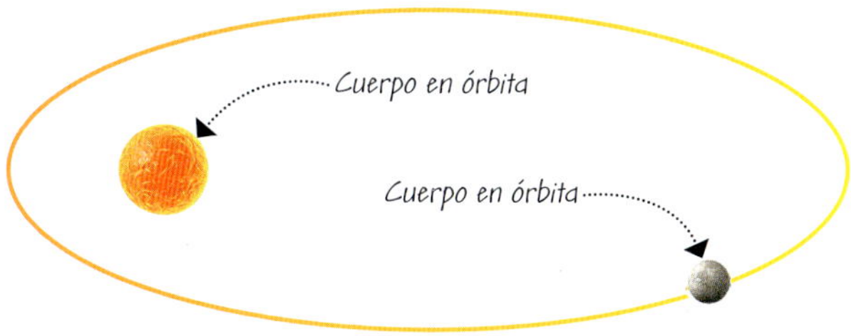

Excentricidad elevada

Observación de un **eclipse solar**

El eclipse solar tiene lugar cuando la Luna impide que la luz solar llegue a partes de la superficie de la Tierra. Cada año hay dos o tres eclipses parciales, por lo que usted tendrá la oportunidad de ver uno cada pocos años. El eclipse total –en que la Luna bloquea por completo la luz del Sol y el día se convierte en noche durante algunos minutos– es mucho más raro. Si quiere ver uno, ¡lo más probable es que tenga que viajar!

El aspecto de los eclipses

En un eclipse parcial o anular, la Luna oculta una parte del Sol que se amplía de forma gradual y a continuación disminuye gradualmente. El proceso dura desde unos pocos minutos hasta una hora y media. A medida que nuestra visión del Sol disminuye, el día se oscurece y a medida que la zona tapada disminuye, la intensidad de luz vuelve a la normalidad. El eclipse total es más espectacular. El Sol queda totalmente oculto –de 1 a 3 minutos pero a veces durante 7 min. Durante este período el día se vuelve tan oscuro como la noche, aparecen estrellas, las temperaturas bajan y la corona del Sol, una parte de su atmósfera, incandescente y de forma irregular, rodea un disco negro en el cielo.

Visualizar los eclipses

No mire nunca el Sol directamente a simple vista ni con gafas de sol, con prismáticos, con un telescopio o con una cámara, ya que su intensa luz puede dañarle los ojos. Utilice unas gafas especialmente diseñadas para ver eclipses antes y después de la totalidad.

¿Cómo funciona un eclipse solar?

Los eclipses son parciales, totales o anulares (la Luna oculta todo el disco del Sol excepto un estrecho anillo). Los eclipses anulares se producen cuando la Luna está más lejos de la Tierra que la media y por lo tanto se ve más pequeña de lo normal. En un eclipse parcial, los observadores de una amplia franja de superficie de la Tierra ven el Sol parcialmente oculto durante un corto tiempo.

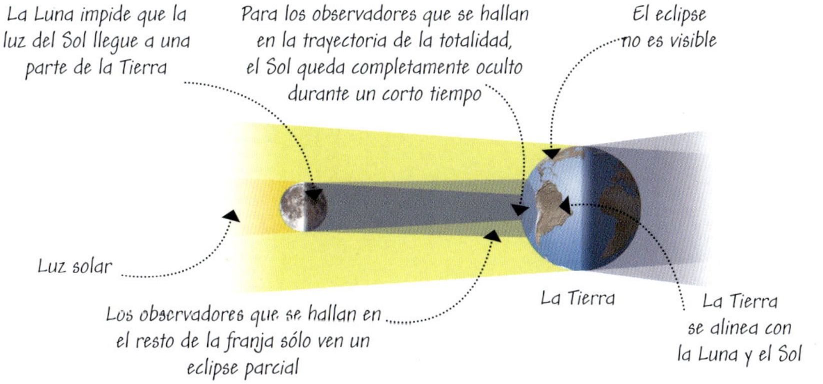

Fechas de eclipses totales de Sol

La tabla muestra cuándo y dónde podrá ver un eclipse total. En la misma fecha los observadores de un área más amplia podrán ver un eclipse parcial.

Fecha	Localidades
20 mar. 2015	Atlántico Norte, islas Svalbard, Océano Ártico
9 mar. 2016	Indonesia, Oeste y centro del Pacífico
21 ago. 2017	Noreste del Pacífico, Estados Unidos, Centro del Atlántico
2 jul. 2019	Pacífico Sur, Chile, Argentina
14 dic. 2020	Sureste del Pacífico, Chile, Argentina
4 dic. 2021	Atlántico Sur, Antártida
8 abr. 2024	Pacífico Central, México, Estados Unidos, Canadá
12 ago. 2026	Groenlandia, Atlántico Norte, España

Recuerde
Sólo durante la totalidad del eclipse es seguro observar el Sol sin protección ocular.

2

Seguir avanzando

En este capítulo centraremos nuestra atención en algunos objetos o clases de objetos del cielo nocturno que parecen grandes vistos con los prismáticos. Entre ellos se incluyen detalles de la superficie de la Luna, tales como sus mares y cráteres, una serie de cúmulos estelares brillantes, algunas nebulosas destacadas y hermosas, entre ellas Orión, la Galaxia de Andrómeda, cometas brillantes y los planetas Marte y Mercurio. Aprenderá sobre unas cuantas constelaciones más –principalmente las que contienen objetos buenos para la visión con prismáticos– y al inicio del capítulo también encontrará una breve guía para la elección y el uso de prismáticos.

El cúmulo estelar de las Pléyades en la constelación de Tauro

Elección y utilización de los **binoculares**

Los binoculares o prismáticos son ideales para hacer excursiones visuales a lo ancho del cielo nocturno. Si ya posee unos para observar animales es probable que pueda utilizarlos para observar una amplia gama de objetos astronómicos, pero si usted va a comprar prismáticos específicamente para la astronomía, deberá tener en cuenta unas cuantas cosas.

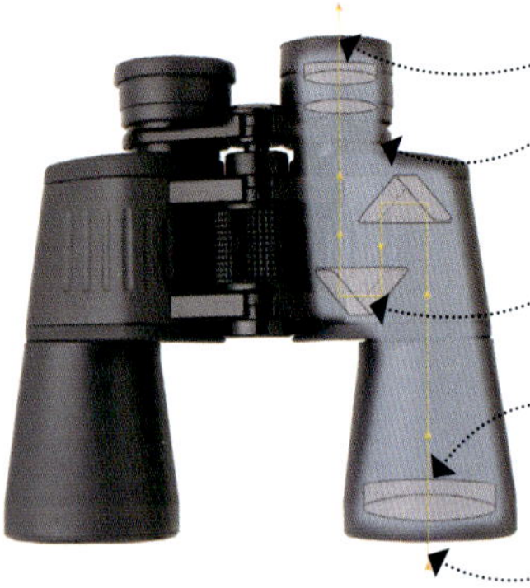

Prismáticos típicos, de prisma de Porro

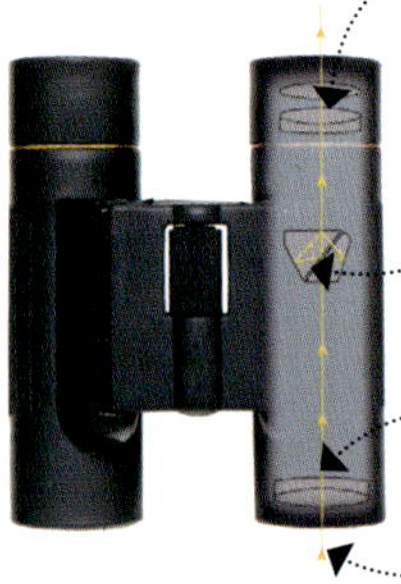

Prismáticos de prisma de techo

Tipos de prismáticos

Los binoculares aumentan los objetos y dado que captan más luz que el ojo "desnudo" hacen que los objetos oscuros se vean más brillantes. Existen dos diseños principales de prismáticos. Los de prisma de Porro con la clásica forma de pata de perro y si bien son más anchos y voluminosos, la gran apertura de su objetivo (lente frontal) significa que tienen una óptica mejor y más brillante que los más rectos y compactos de prisma de techo. Los prismáticos llevan escritos dos números, (por ejemplo 10 x 50). El primer número da el aumento del instrumento y aunque un gran aumento podría parecer atractivo, en realidad lo que hace es amplificar cada sacudida mientras usted intenta mantener estables sus prismáticos. Unos aumentos de 10 son útiles. El segundo número es el diámetro del objetivo y aquí, cuanto más grande sea esta lente, mejor. Para la astronomía, busque un objetivo de al menos 50 mm.

Utilizar los prismáticos

Es importante estar lo más cómodo posible. Procure estar recostado en una tumbona, una hamaca o en el suelo con una estera impermeable; así podrá ver el cielo en ángulos más elevados sin forzar el cuello. También puede sentarse con los codos apoyados en las rodillas o apoyándolos en lo alto de una valla o de un muro para tener soporte y estabilidad. Para binoculares mayores y más pesados utilice un trípode. Algunos prismáticos se valen de la tecnología de estabilización de la imagen para reducir los efectos del temblor de las manos.

Si se sienta y apoya los codos en las rodillas podrá soportar el peso de los prismáticos y evitar que se muevan

Enfocar

Antes de utilizar sus binoculares, asegúrese de que están enfocados en un objeto distante. La Luna es una opción obvia y si no está presente, trate de concentrarse en un grupo de estrellas. La mayoría de los prismáticos tienen dos ruedas de enfoque –una en la barra central que mueve ambos oculares (y que es la rueda de enfoque propiamente dicha) y otra en uno de los oculares que enfoca sólo este ocular– y el procedimiento siguiente explica cómo se ajustan. Si cada ocular tiene su propio anillo de enfoque, ajuste primero un ocular cerrando el otro ojo y luego inversamente, y mire por ambos oculares.

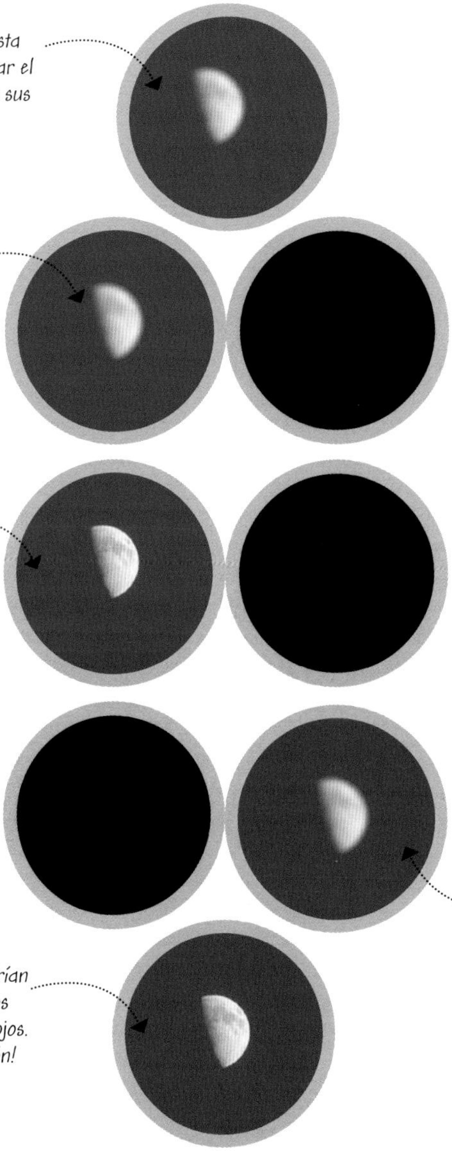

Números de Messier

En este capítulo verá que algunos de los objetos del cielo a los que se refiere tienen un descriptor alfanumérico adjunto. Así por ejemplo, el cúmulo estelar de las Pléyades también se conoce como M45 y una galaxia concreta de Centaurus también se conoce como NGC 5128. Los descriptores que empiezan con una “M” se llaman números de Messier y hacen referencia a la catalogación de 110 objetos celestes con aspecto de nebulosa compilados en un catálogo por el astrónomo francés Charles Messier. Un descriptor que comience con “NGC” o con “IC” indica la clasificación del objeto en dos catálogos más extensos: el Nuevo Catálogo General y el Catálogo Índice.

Observación **de la Luna con prismáticos**

Pertrechado ya con unos prismáticos, uno de los objetivos más obvios para inspeccionar es la Luna. Con los binoculares las vagas zonas claras y oscuras de la Luna se tornan más patentes y detalladas y podrá distinguir algunos de los cráteres más grandes del satélite.

Luz y sombra

No tiene por qué esperar a que la Luna esté llena para mirarla con los prismáticos. Puede ser igual o más gratificante mirarla durante alguna de sus fases de Luna creciente y menguante, cuartos o gibosas. Podrá ver más detalles cuando el Sol incida en ángulo sobre irregularidades tales como cráteres. La línea divisoria entre el día y la noche se llama "terminator".

Recuerde

Desde el hemisferio sur la Luna se ve al revés que en el Norte: si mira en la imagen de la p. 26 verá los mismos detalles sólo que girados unos 90-180° con respecto a los de la imagen contigua.

Mares y cráteres

Intente identificar algunos de los detalles de la cara visible de la Luna. Verá que la mitad del satélite consiste en áreas claras de aspecto áspero: son las regiones de tierras altas. Las zonas lisas y oscuras fueron bautizadas maria o "mares" por los antiguos griegos, quienes creían que contenían agua cuando en realidad son cuencas de tierras bajas creadas por los impactos producidos en la temprana existencia de la Luna y que luego se llenaron de coladas de lava oscura. Los más importantes son el Mare Serenitatis ("Mar de la Serenidad ") y Mare Imbrium (" Mar de las Lluvias"). Otros detalles a tener en cuenta son los grandes cráteres radiales, como el cráter Tycho, formado cuando numerosos objetos impactaron contra su superficie. La cara visible de la Luna está surcada por unos 300.000 cráteres de más de 1 km de anchura.

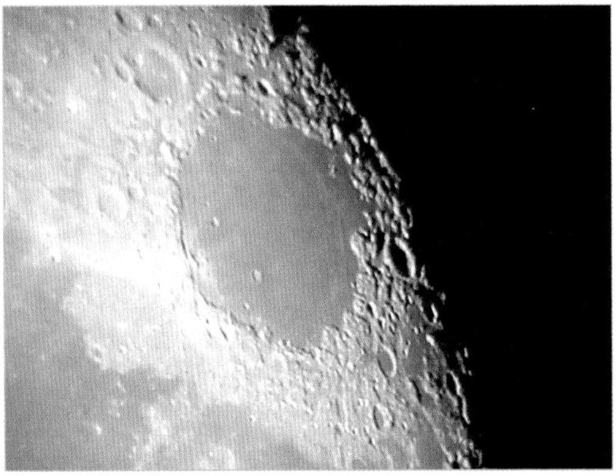

Mare Crisium

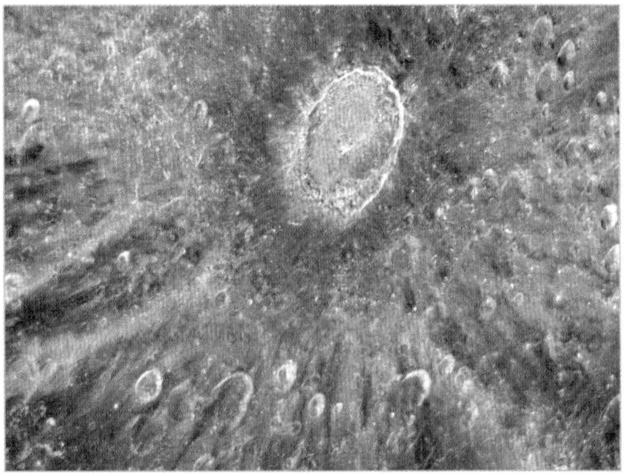

Cráter Tycho

Cráter Platón
Mare Imbrium
Mar de la Serenidad
Cráter Copérnico
Mare Crisium
Cráter Aristarco
Mare Nectaris
Oceanus Procellarum
Mar de la Tranquilidad
Cráter Tycho

Guía rápida de **la Luna**

Es mucho más pequeña que la Tierra, con un diámetro igual al 26% del de la Tierra y con tan sólo el 1,2% de su masa. Cuando está llena es el objeto más brillante en el cielo nocturno y su gravedad influye en los océanos de la Tierra. Su superficie es un lugar gris, seco y sin vida, cubierto de innumerables cráteres de impacto y con una atmósfera insignificante.

Órbita

La Luna tiene una órbita ligeramente elíptica: en su punto más cercano a la Tierra está un 10% más cerca que en su punto más lejano. Tarda 27,32 días en girar sobre su eje, el mismo tiempo que tarda en orbitar la Tierra. A resultas de ello un lado de la Luna, su "lado cercano" siempre mira a la Tierra; no importa dónde viva usted, siempre verá la misma cara de la Luna.

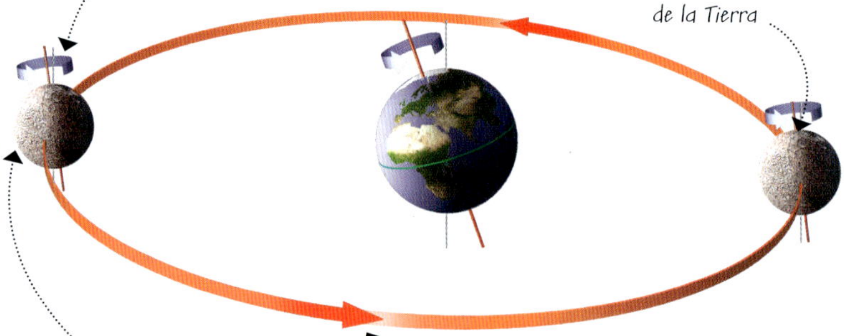

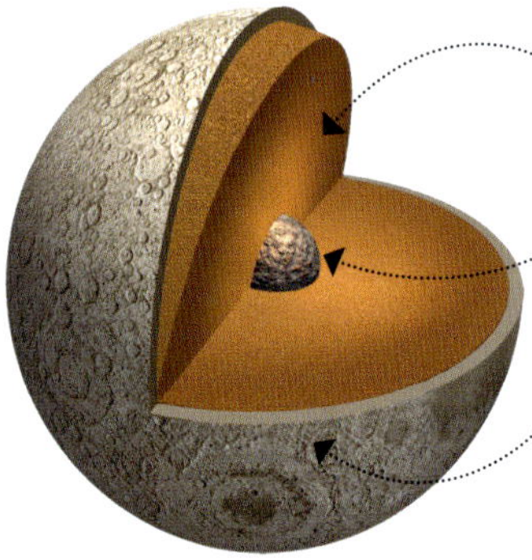

Estructura

Como la Tierra, la Luna tiene un núcleo rico en hierro, un manto y una corteza pero su núcleo es relativamente pequeño. La atmósfera de la Luna es extremadamente delgada, con una masa total de menos de 25.000 kg.

La exploración humana

Doce astronautas estadounidenses (en seis misiones distintas) visitaron la Luna entre 1969 y 1972. Exploraron áreas limitadas de su superficie, tomaron muestras de rocas lunares y dejaron sus huellas en el suelo lunar.

Perfil de la luna

La Luna es el único satélite natural de la Tierra. Con un diámetro de 3.475 km es el quinto satélite planetario por tamaño del Sistema Solar.

Distancia media a la Tierra
385.400 km

Completa su órbita en torno al Sol en
27 días 7 horas 43 minutos

Completa el giro sobre su eje en
27 días 7 horas 43 minutos

Máxima magnitud aparente
-12,9 (ver p. 51)

Distancia máxima a la Tierra
405.500 km

Distancia mínima de la Tierra
363,300 km (225,744 miles)

Máximo tamaño angular en el cielo
34,1 minutos de arco (ver p. 12)

Edad
4.500 millones de años

Comparación de tamaños

Observación de **Tauro**

Tauro, se conoce desde los tiempos babilónicos y es visible desde ambos hemisferios. Entre sus detalles de interés se incluyen dos grandes cúmulos estelares abiertos –las Híades y las Pléyades– que son excelentes objetivos para mirar con prismáticos.

Tauro, el Toro

En la figura de la constelación clásica sólo se representa la mitad delantera de un toro. Aldebarán, una estrella roja con un brillo impresionante, señala uno de los ojos y tanto las Híades como las más compactas Pléyades son fáciles de encontrar una vez la tiene identificada. Los meteoros de las Táuridas, visibles cada noviembre, parecen originarse justo al sur de las Pléyades.

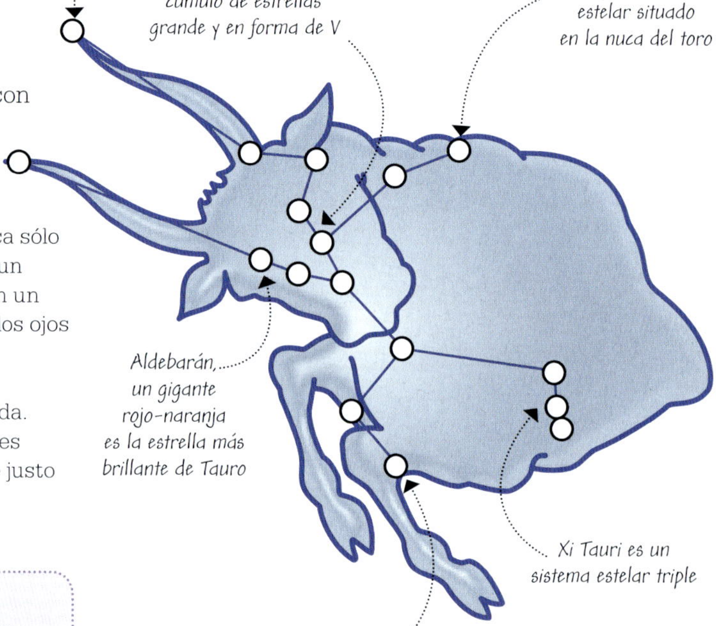

Recuerde Tauro es más fácil de observar en noviembre y diciembre. En mayo y junio es difícil o incluso imposible de ver porque está demasiado cerca del Sol.

Localizadores del **hemisferio norte**

Desde las latitudes medias (en torno a los 40° N), Tauro empieza a ser visible desde principios de agosto en el cielo del Este, pero sólo de madrugada. En diciembre destaca y es fácil de ver en el cielo del Sur en torno a la medianoche.

1 agosto, 4h
Mirando al Este

1 dic. medianoche
Mirando arriba al Sur

1 abril, 20h
Mirando al Oeste

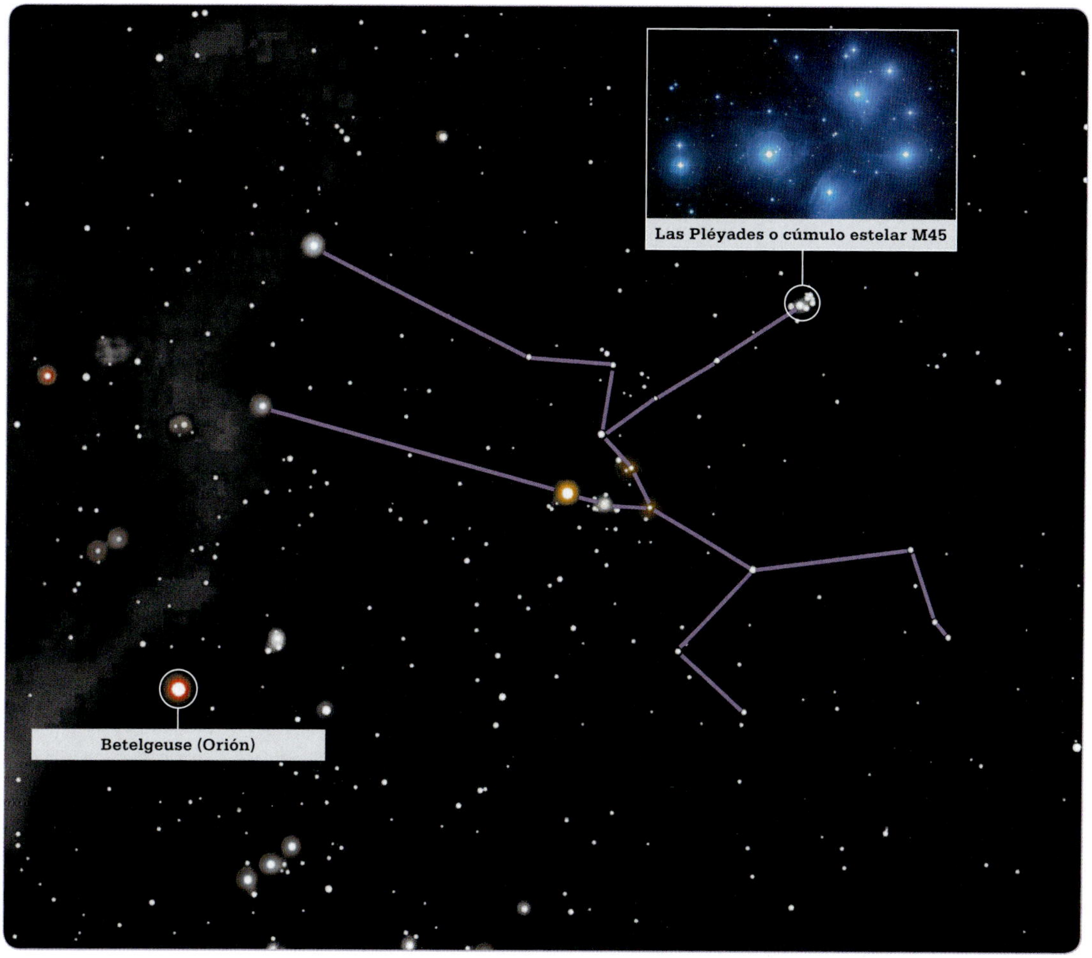

Localizadores del **hemisferio sur**

Desde las latitudes medias (en torno a los 40° S), Tauro es visible a baja altura en el Norte –y está cabeza abajo en comparación con el hemisferio norte– en noviembre y diciembre en torno a medianoche. Hacia febrero está en el Noroeste a horas más tempranas de la noche.

1 octubre, 2h
Mirando al Noreste

1 dic., medianoche
Mirando al Norte

1 febrero, 22h
Mirando al Noroeste

Guía rápida de los **cúmulos estelares**

Las grandes agrupaciones de estrellas que tienen un origen común se conocen como cúmulos estelares. En la Vía Láctea se han identificado dos tipos: "cúmulos abiertos", agrupaciones laxas de decenas o cientos de estrellas relativamente jóvenes, y " cúmulos globulares", que son bolas muy apretadas de hasta un millón de estrellas.

Cúmulos en la Vía Láctea

Los cúmulos abiertos se producen a lo largo de los brazos espirales de la Vía Láctea, a menudo cerca de las nebulosas en las que se formaron. Cada estrella sigue su propia órbita alrededor del centro galáctico, por lo que a lo largo de millones de años los grupos tienden a dispersarse. Los cúmulos globulares, se mantienen permanentemente unidos por la gravedad de sus apretadas estrellas; orbitan por encima y por debajo del plano del disco galáctico.

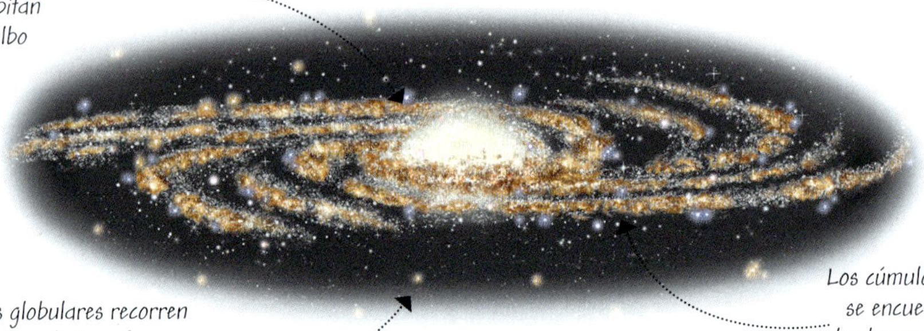

Cúmulos estelares abiertos

De forma irregular, los cúmulos abiertos suelen contener entre 100 y 10.000 estrellas, que se formaron en la misma época. Unas estrellas azules y brillantes indican un cúmulo joven, mientras que las más amarillas indican uno más viejo.

Cúmulos globulares

Grandes y vagamente esféricos, están densamente poblados con muchos miles de estrellas antiguas rojas y amarillas. Figuran entre las más antiguas de la galaxia y ayudan a determinar la edad del Universo.

Cúmulos estelares abiertos M35 (arriba a la izquierda) y NGC 2158 (abajo a la derecha)

Observación de **Casiopea**

Casiopea (o Cassiopeia), una constelación característica del cielo septentrional se encuentra en una rica zona de la Vía Láctea, llena de cúmulos estelares que constituyen una hermosa visión con los prismáticos. La gran forma de W creada por sus cinco estrellas principales –o en forma de M dependiendo de la perspectiva del observador– es muy fácil de reconocer.

Recuerde Si recorre toda Casiopea con sus prismáticos, se encontrará con muchos hermosos cúmulos estelares. Cuando haga esto estará mirando en la dirección de la Vía Láctea, que es donde reside la mayor parte del gas y del polvo que crean los cúmulos estelares.

Casiopea, la Reina

Según la mitología griega, Casiopea era una reina de Etiopía que debido a su vanidad fue condenada por Poseidón a circular para siempre por el polo norte celeste. En la figura clásica de su constelación, Casiopea se representa en una posición sentada y en esta representación se la ve admirándose a sí misma en un espejo mientras gira sin fin por el cielo del Norte. Cuatro de las cinco estrellas que definen la figura de Casiopea son más o menos del mismo brillo y la quinta (denominada Segin) es algo más tenue.

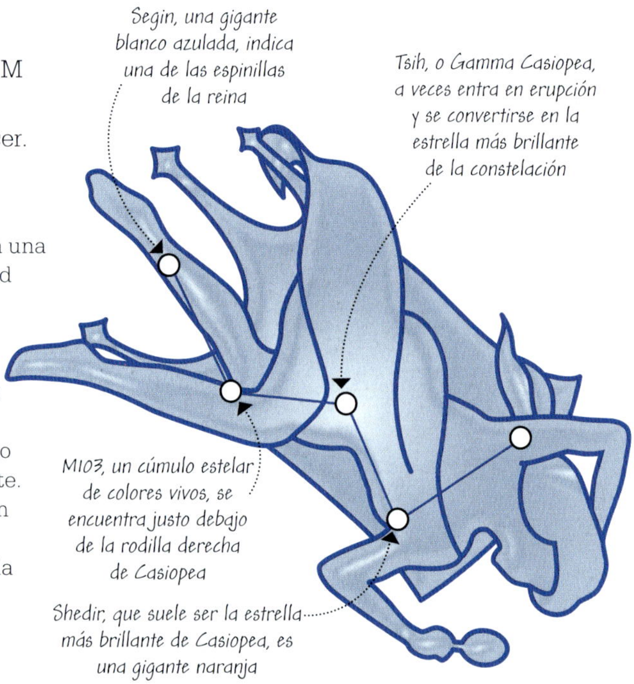

Localizadores del **hemisferio norte**

Para un observador situado en las latitudes medias (en torno a los 40° N) ,Casiopea es visible en el cielo septentrional cada noche durante la mayor parte de la noche; a veces, se hunde parcialmente por debajo del horizonte, en torno a las 2h de la madrugada en marzo.

1 julio, 3h
Mirando al Noreste

1 nov., medianoche
Mirando arriba al Norte

1 de marzo a las 21h
Mirando al Noroeste

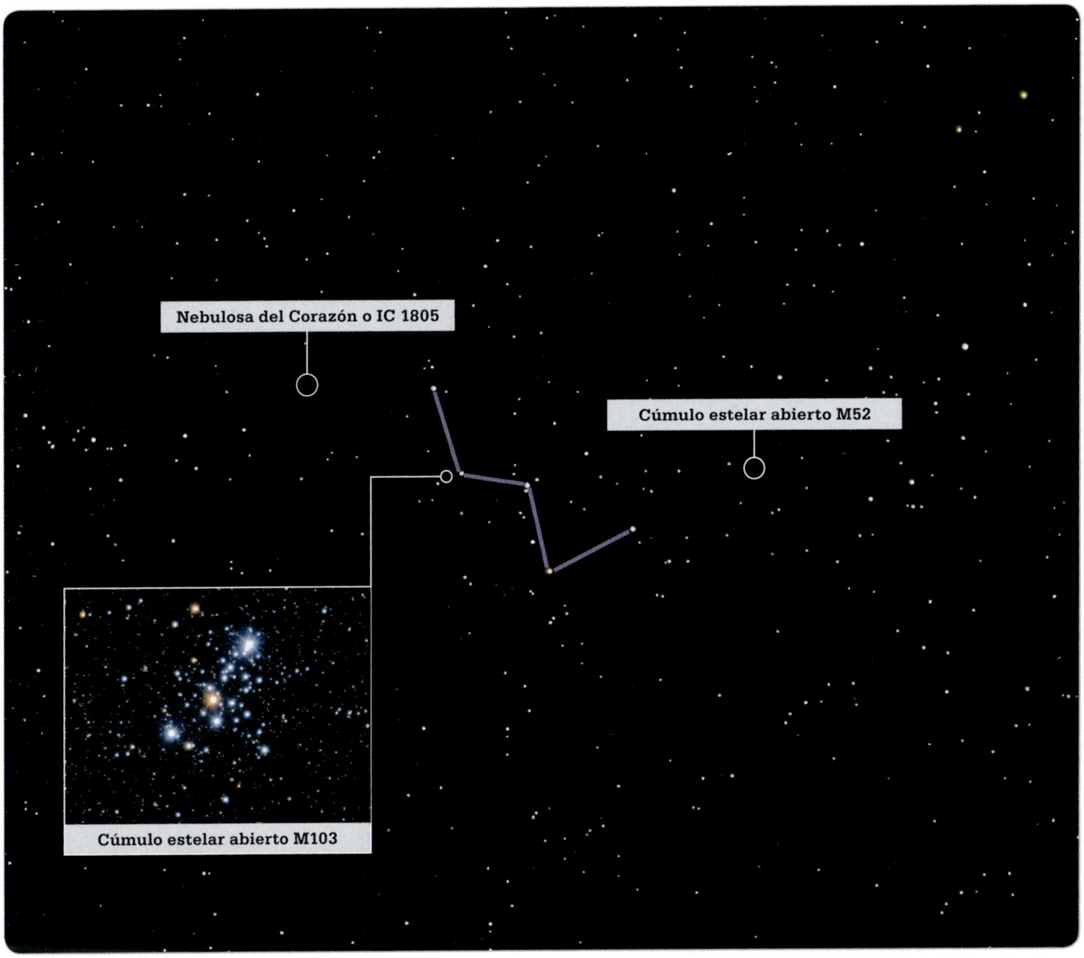

La Nebulosa del Corazón IC 1805

Esta tenue nube de polvo y de gas formadora de estrellas de dentro de la Vía Láctea puede encontrarse debajo de las piernas de Casiopea. La nebulosa recibe este nombre por su contorno vagamente en forma de corazón y está a unos 7.500 años luz de la Tierra.

Observación de **Hércules**

La gran constelación de Hércules representa el héroe de la mitología griega que llevó a cabo 12 trabajos. Dentro de ella podrá encontrar un magnífico cúmulo globular también denominado Hércules, un hermoso objeto para examinar con los prismáticos.

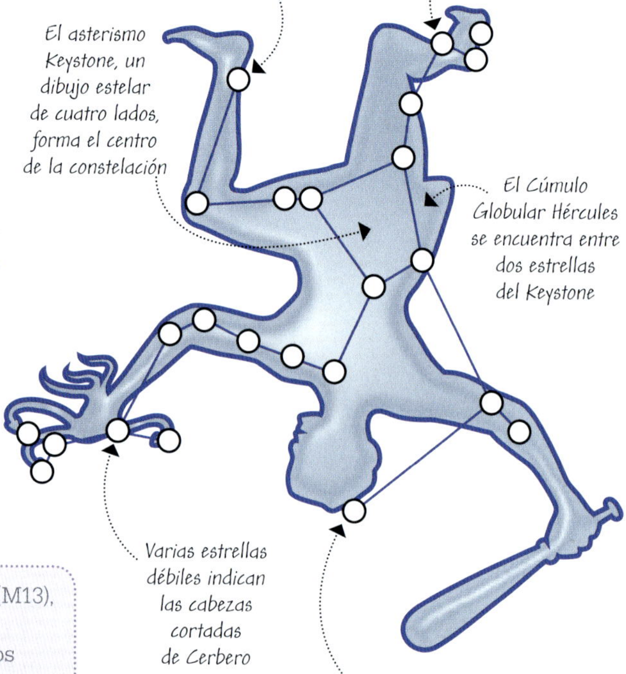

Hércules, el hombre fuerte

Aunque es más fácil de ver desde el hemisferio norte, partes o la totalidad de Hércules también puede verse desde varias localidades del hemisferio sur. Su figura se dispone en torno a Keystone (o la Piedra Angular) –un asterismo cuadrilateral– y muestra a Hércules con una maza en una mano y las múltiples cabezas cortadas de Cerbero, un perro monstruoso, en la otra. Busque el asterismo Keystone para localizar la constelación.

Recuerde El cúmulo globular de Hércules (M13), situado entre dos estrellas en el asterismo Keystone, puede verse a simple vista; con los prismáticos se ve como una bola borrosa. Está a 25.000 años luz de la Tierra y contiene más de 300.000 estrellas bien apretadas.

Localizadores del **hemisferio norte**

Desde las latitudes medias Hércules puede verse a finales de invierno en el Este, pero sólo de madrugada. En junio está alta en el Sur o sobre la cabeza del observador a medianoche. A principios de las noches de otoño Hércules es visible en el cielo occidental.

1 febrero, 3h
Mirando al Este

1 junio, medianoche
Mirando arriba al Sur

1 octubre, 21h
Mirando al Oeste

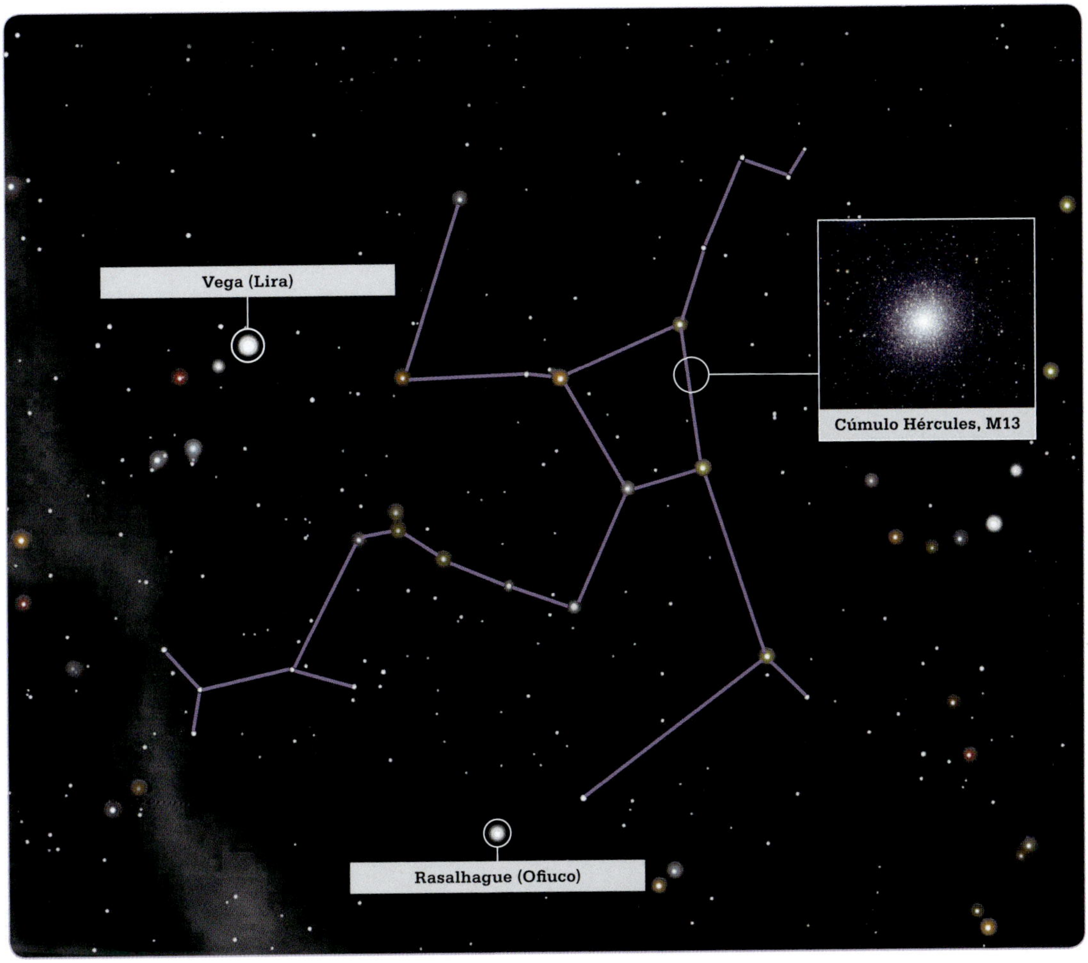

Localizadores del **hemisferio sur**

Desde las latitudes medias puede verse la mayor parte de Hércules por encima del horizonte septentrional en torno a medianoche durante el mes de junio. Hércules aparece en el mismo lugar a principios de las noches de julio o durante la madrugada en mayo.

1 mayo, 4h
Mirando al Norte

1 junio, medianoche
Mirando al Norte

1 julio, 20h
Mirando al Norte

Observación de **Centaurus**

Esta gran constelación contiene varios objetos de interés, incluidas las estrellas más cercanas a nosotros y Omega Centauri, un cúmulo estelar globular masivo y un excelente objetivo para los prismáticos. Desafortunadamente Centaurus queda oculto de la vista para la mayoría de observadores del cielo del hemisferio norte.

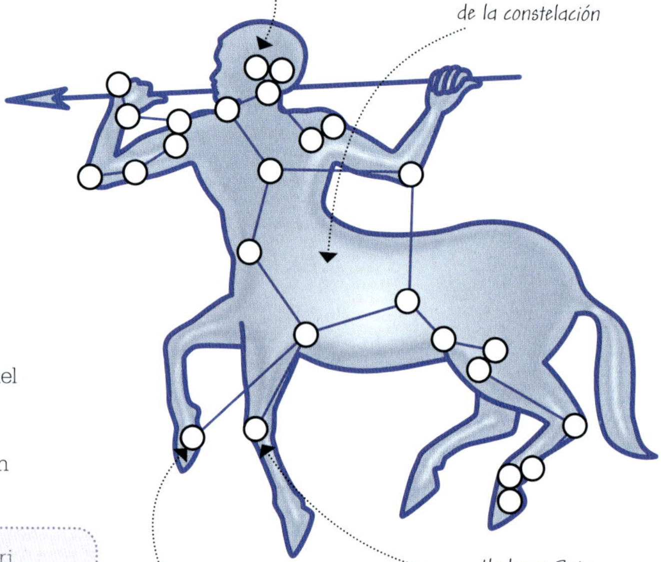

Centaurus, el Centauro

La figura representada es un ser mitológico que tiene sus pies incrustados en la Vía Láctea. Su estrella más brillante, conocida como Alfa Centauri, es un sistema de tres estrellas gravitacionalmente unidas. Aparte del Sol, éstas son las estrellas más cercanas a la Tierra: unos 4,2 años luz de distancia. La más débil de las tres, Proxima Centauri, es también la más cercana, como indica su nombre.

Recuerde A simple vista Omega Centauri parece una estrella difuminada. Es un cúmulo globular de estrellas, el más grande de la Vía Láctea. Tiene más de 12 mil millones de años, contiene más de un millón de estrellas y vale realmente la pena admirarlo con los prismáticos.

Galaxia Centaurus A, NGC 5128

Esta inusual galaxia situada en el dorso del centauro sólo puede verse con binoculares. Se cree que la oscura banda de polvo que la atraviesa resultaría de la fusión de dos galaxias anteriores. Se halla a 13 millones de años luz de distancia y tiene un masivo agujero negro en su centro.

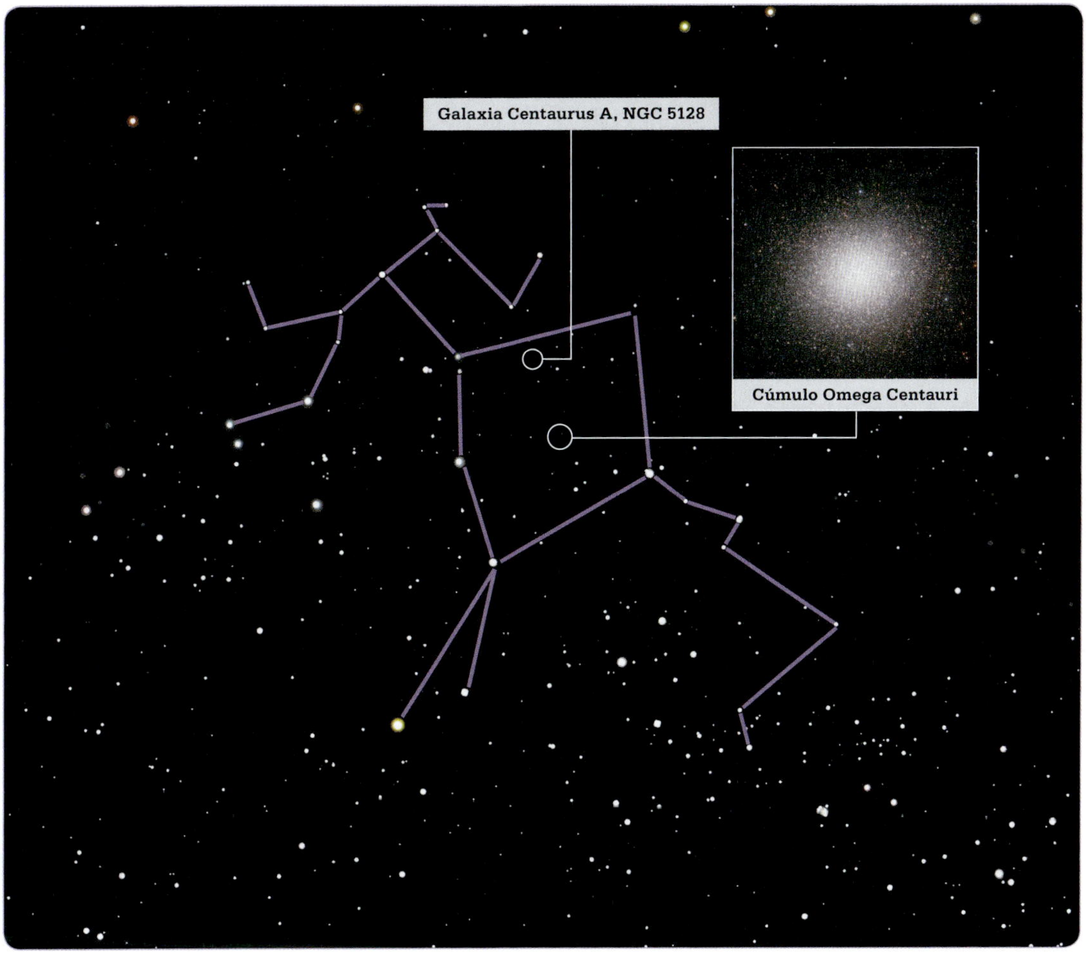

Localizadores del **hemisferio sur**

Desde las latitudes medias Centauro es visible durante parte de la noche la mayoría de los meses del año. La mejor época es de marzo a mayo, cuando está casi encima de la cabeza del observador a medianoche, o entre junio y agosto en el cielo del Suroeste a principios de la noche.

1 diciembre, 3h
Mirando hacia el Sureste

1 abril, medianoche
Mirando arriba al Sur

1 agosto, 21h
Mirando al Suroeste

Observación de **Marte**

Marte es bastante fácil de ver. Aunque su brillo varía de forma considerable, siempre es visible a simple vista cuando está presente, brillando con una luz rojiza. Con los prismáticos aparece como un disco bien patente.

Seguimiento de Marte

Para localizar Marte busque en torno a las fechas de oposición. La siguiente tabla muestra los meses hasta 2030 cuando Marte está en oposición o cerca de ella. Para cada mes también se da la constelación en la que está Marte así, por ejemplo, en mayo de 2016 Marte estará en Escorpio, entre las pinzas del escorpión. Para localizar a Marte durante la oposición, bastará con mirar en el cielo del Sur (desde el hemisferio norte) o encima de su cabeza hacia la medianoche; si está en el hemisferio sur, mire hacia el Norte. En ambos casos debería ver Marte como uno de los objetos más brillantes que tiene ante su vista.

Sugerencia Para detectar Marte en fechas que no sean las de la oposición, averigüe en qué constelación está y utilice un planisferio celeste o una aplicación para determinar cuándo y dónde ver esta constelación. Esto será de ayuda para detectar Marte.

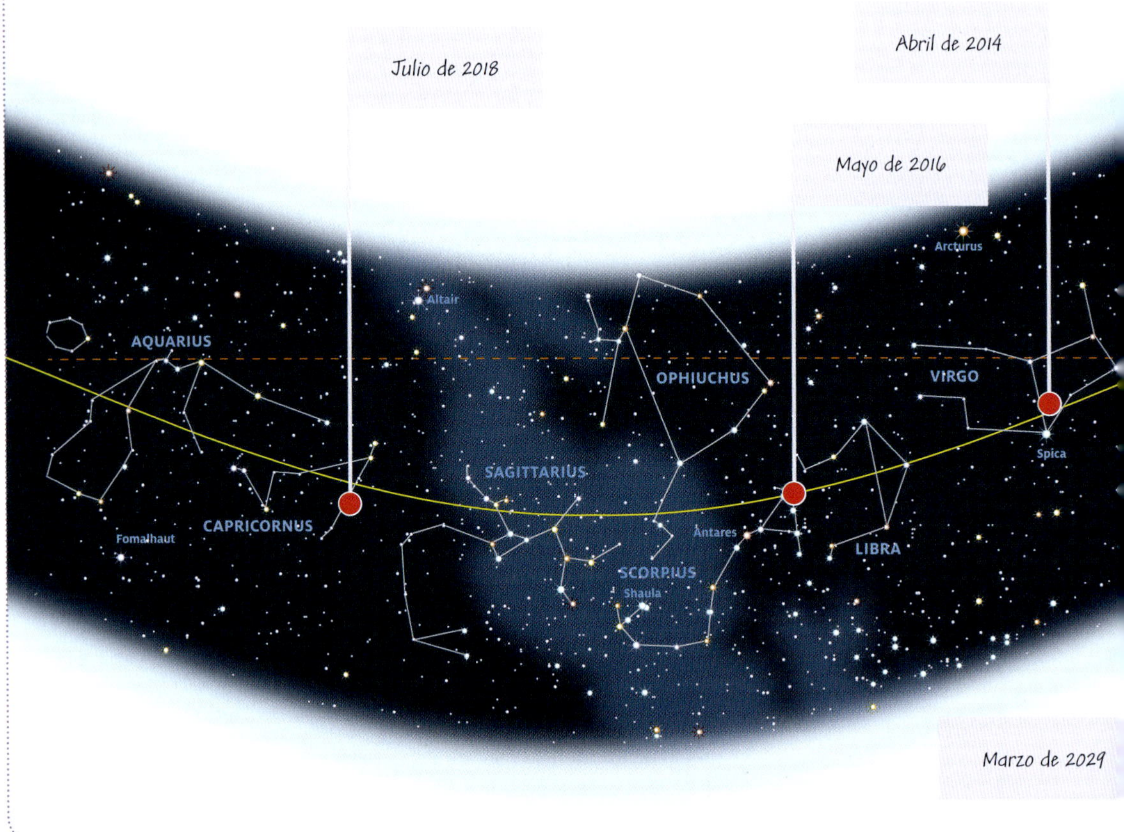

La vista desde la Tierra

Marte tarda 687 días (un poco menos de 2 años) en orbitar alrededor del Sol. La Tierra tarda un año, por lo que cada 25 a 26 meses se adelanta a Marte "por el interior", diciéndose entonces que está en "oposición"; durante unas 6 semanas Marte tiene su máximo brillo y está más cercano a la Tierra y es por tanto más fácil de ver. No podrá ver Marte cuando esté en el otro lado del Sol desde la Tierra (en "conjunción"), algo que también sucede cada 25 a 26 meses.

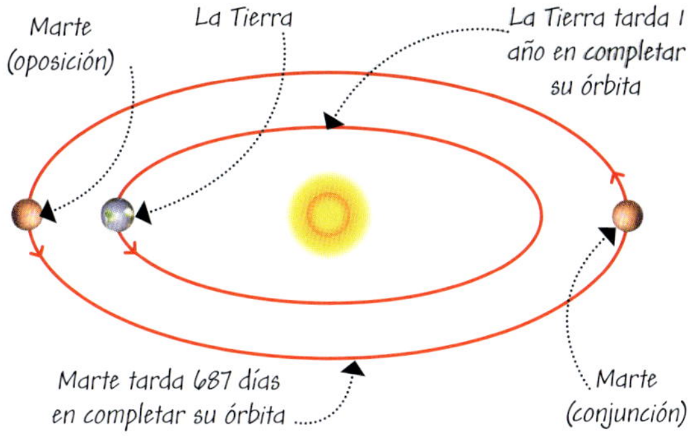

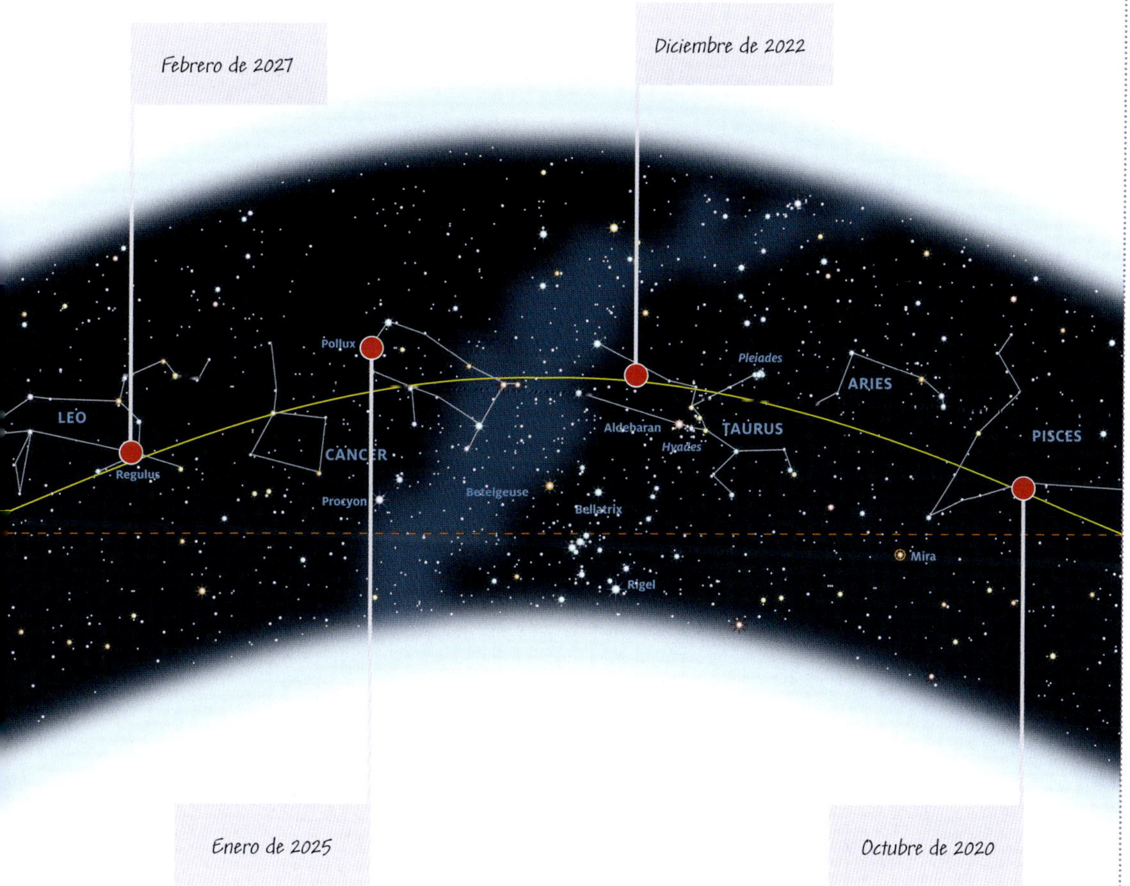

Guía rápida de **Marte**

Conocido como el planeta rojo por su color rojo herrumbre, tiene más o menos la mitad del tamaño de la Tierra y, estaciones y casquetes polares de hielo. Las evidencias de las sondas espaciales sugieren que el agua había fluido por su superficie pero hoy es un planeta seco y árido, con volcanes extintos, cañones masivos y extensas llanuras cubiertas de rocas.

Órbita

Marte tarda 687 días en completar su elíptica órbita en torno al Sol, de modo que un año de Marte equivale a casi el doble de un año en la Tierra. La distancia al Sol varía en hasta 42,6 millones de km lo que, combinado con la inclinación bastante acusada de su eje de rotación, causa importantes variaciones estacionales en la superficie del planeta.

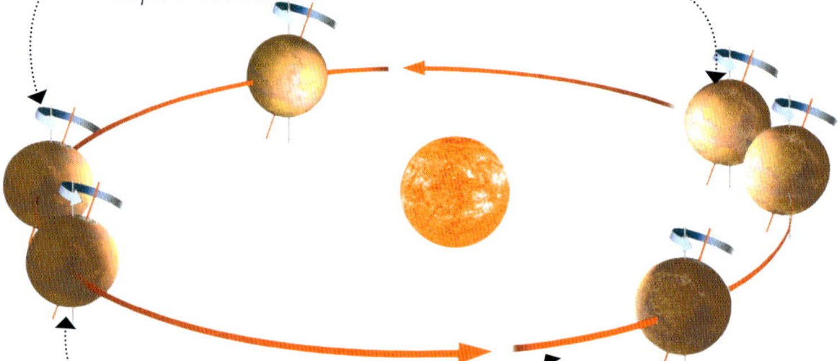

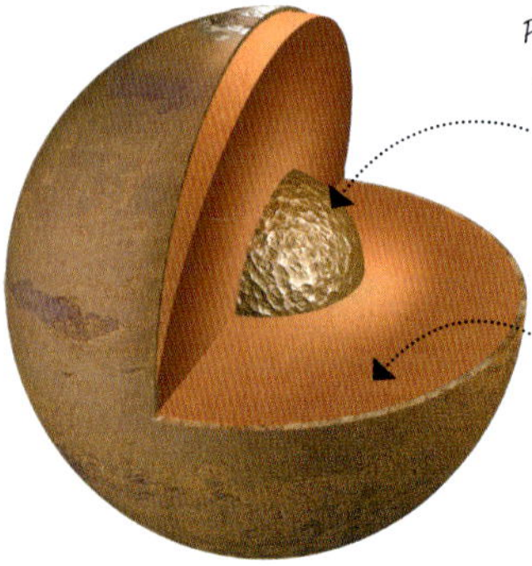

Estructura

Similar a la Tierra en su estructura, con unos bien definidos núcleo, manto y corteza. Su atmósfera –dióxido de carbono– es extremadamente fina. Periódicamente las tormentas de polvo lo cubren del todo.

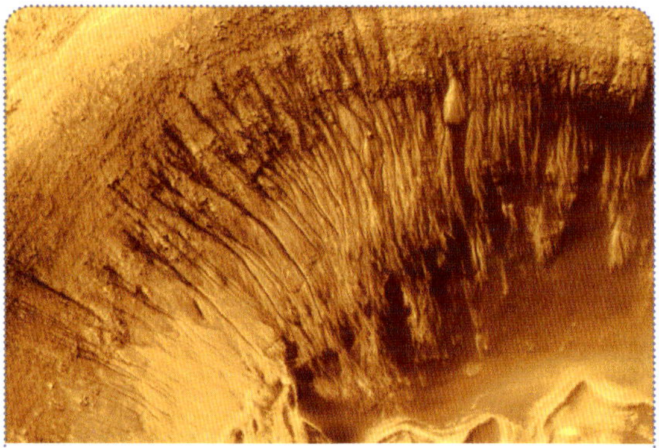

Barrancos marcianos

Este cráter marciano creado por el impacto de un antiguo asteroide tiene unos 7 km de diámetro. Se cree que los estrechos barrancos labrados en sus paredes los formó el agua que habría fluido en el pasado distante.

Perfil de Marte

Marte es el cuarto planeta a partir del Sol. Con sus 6.792 km de diámetro, es el segundo planeta más pequeño del Sistema Solar.

Distancia media al Sol
227,9 millones de km

Completa su órbita en torno al Sol en
687 días

Completa el giro sobre su eje en
24 horas 37 minutos 23 segundos

Máxima magnitud aparente
-2,9 (ver p. 51)

Distancia máxima a la Tierra
401,3 millones de km

Distancia mínima a la Tierra
54,5 millones de km

Máximo tamaño angular en el cielo
25,1 segundos de arco (ver p. 12)

Número de satélites
2

Comparación de tamaños

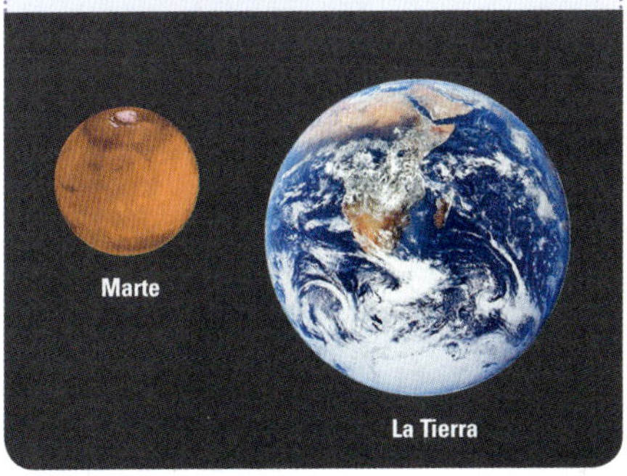

Observación de la **nebulosa de Orión**

Orión es una de las constelaciones más espectaculares del cielo nocturno. Enclavado dentro de ella hay una enorme nube brillante de gas y polvo llamada nebulosa de Orión, una fantástica visión a través de los prismáticos.

Localización de la nebulosa

Primero localice el cinturón de Orión a simple vista (ver p. 60) y busque más abajo desde la estrella central, o si está observando desde el hemisferio sur mire hacia arriba desde dicha estrella central. Deberá ver tres estrellas alineadas que forman lo que se conoce como la espada de Orión; la estrella del medio es bastante difusa. Dirija sus prismáticos hacia la región de la espada y haga un barrido lento hasta que encuentre la "estrella" central de la espada. Esta "estrella" no le aparecerá como un único punto de luz al igual que otras estrellas, sino como una mancha brumosa y mucho más grande. En realidad no es una estrella en absoluto, sino la nebulosa de Orión.

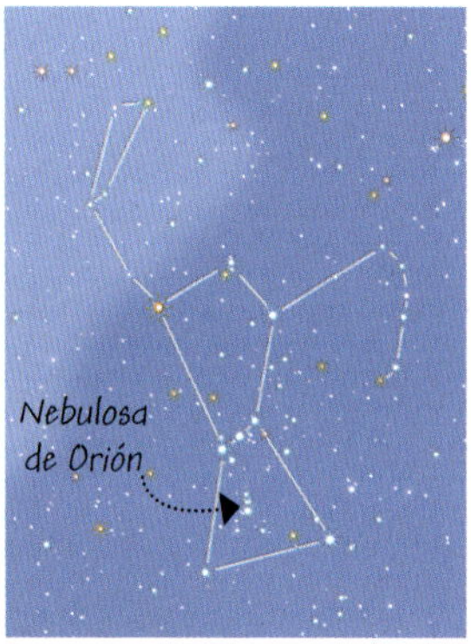

Orión desde el hemisferio norte

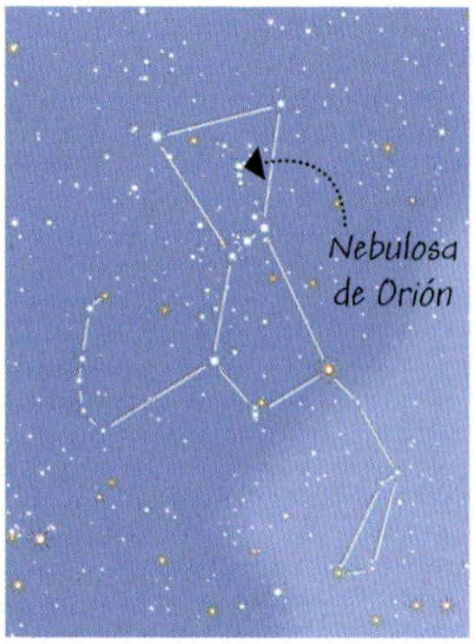

Orión desde el hemisferio sur

Vista con aumentos

Vista con los prismáticos, la nebulosa tiene una leve tonalidad verdosa o azul verdosa. Con un telescopio puede verse más coloreada; la imagen de la página opuesta muestra la nebulosa vista con un gran telescopio.

¿Qué hay en una nebulosa?

La nebulosa de Orión es una masiva nube de gas y polvo dentro de la Vía Láctea, una nube donde se están formando nuevas estrellas y planetas. Situada a unos 1.350 años luz de distancia de la Tierra –la luz de la nebulosa tarda 1.350 años en llegar hasta nosotros– y con sus cerca de 24 años luz de diámetro, es la región más cercana a la Tierra de la Vía Láctea en la que se están formando nuevas estrellas. Se estima que la masa total de gas de la nebulosa es superior a la de 2.000 soles. Resplandece debido a la luz que transmiten las estrellas incrustadas en su interior.

Nebulosa de Orión o M42, vista con el telescopio Hubble

Una guía rápida de las **nebulosas claras y oscuras**

Dispersas entre las estrellas de la Vía Láctea hay nubes de gas y polvo. Algunas son lo suficientemente densas como para reflejar o tapar la luz estelar, formando estructuras visibles llamadas nebulosas; son algunos de los lugares más bellos de nuestra galaxia.

Nebulosas de emisión

Estas nubes de colores brillantes están iluminadas desde dentro por estrellas recién nacidas. La intensa radiación de la estrellas hace que los átomos de hidrógeno de la nube se ionicen (pierdan electrones); cuando los electrones se recombinan con los núcleos de hidrógeno se emite luz roja. La luz verde o la azul indican que otros elementos –oxígeno, helio o nitrógeno– están presentes. Las nebulosas de emisión incluyen regiones de formación estelar y las resplandecientes nubes de detritos expulsados por las estrellas moribundas.

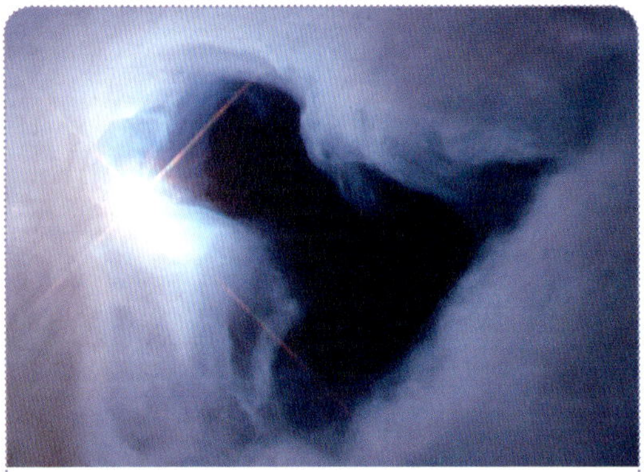

Nebulosas de reflexión

Las estrellas jóvenes están a menudo rodeadas de polvo y del gas sobrante de la nebulosa que las originó. Estos granos de polvo pueden reflejar la luz azulada de la estrellas jóvenes y calientes formando una nebulosa de reflexión azul.

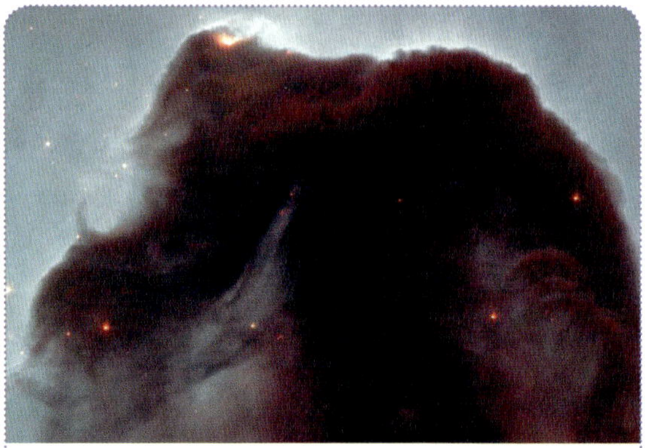

Nebulosas oscuras

Las frías nubes de polvo e hidrógeno molecular tapan la luz de las estrellas más distantes formando siluetas conocidas como nebulosas oscuras. Pueden hundirse bajo su propia gravedad y convertirse en regiones de formación estelar.

Nebulosa de la Burbuja, NGC 7635

Observación de **Ofiuco**

Esta gran constelación es rica en cúmulos de estrellas globulares y es bonita verla con los prismáticos. Aunque se encuentra parcialmente en la banda de cielo llamada zodíaco, nunca se la ha considerado como un "signo del zodíaco".

Recuerde Dentro del área de la constelación de Serpens Cauda, contigua a Oficuo, está la Nebulosa del Águila, o M16, del tamaño de la Luna llena. Si dirige los prismáticos hacia allí podrá detectar un cúmulo de estrellas en M16, que se ve como una bola borrosa de luz.

Ofiuco, el portador de la Serpiente

Ofiuco se asocia estrechamente con las dos partes de la constelación de Serpe.ns: Serpens Caput (Cabeza de la Serpiente) y Serpens Cauda (Cola de la Serpiente). La figura del Ofiuco se representa sosteniendo la serpiente. Su estrella más brillante es Rasalhague, una gigante blanca con una compañera más pequeña, y en diferentes partes de ella se encuentran cúmulos estelares interesantes: cerca de un pie, en torno a un hombro (estas dos áreas están en la Vía Láctea) y también en torno al centro de la constelación.

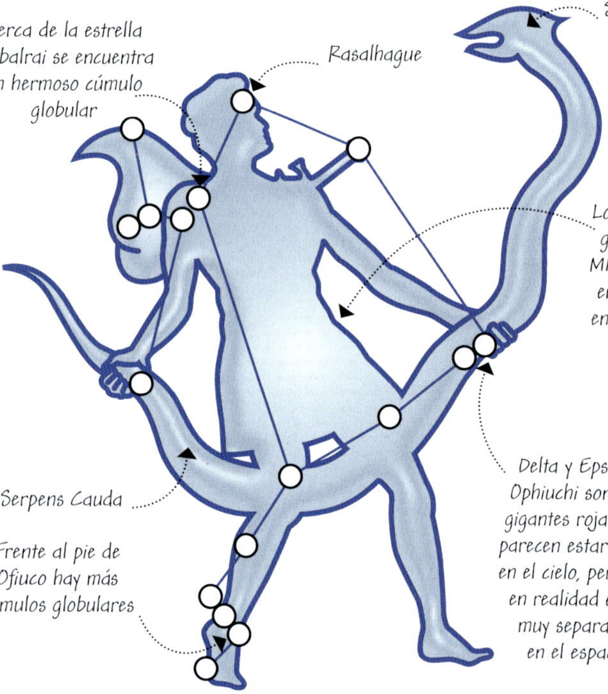

Localizadores del **hemisferio norte**

Desde las latitudes medias (en torno a los 40° N) puede verse la mayor parte de Ofiuco por encima del horizonte septentrional en torno a medianoche durante mayo y junio. En septiembre puede verse a baja altura en el Suroeste a horas más tempranas de la noche.

1 de marzo a las 3h
Mirando hacia el Sureste

1 de junio a medianoche
Mirando hacia el Sur

1 de septiembre a las 21h
Mirando hacia el Suroeste

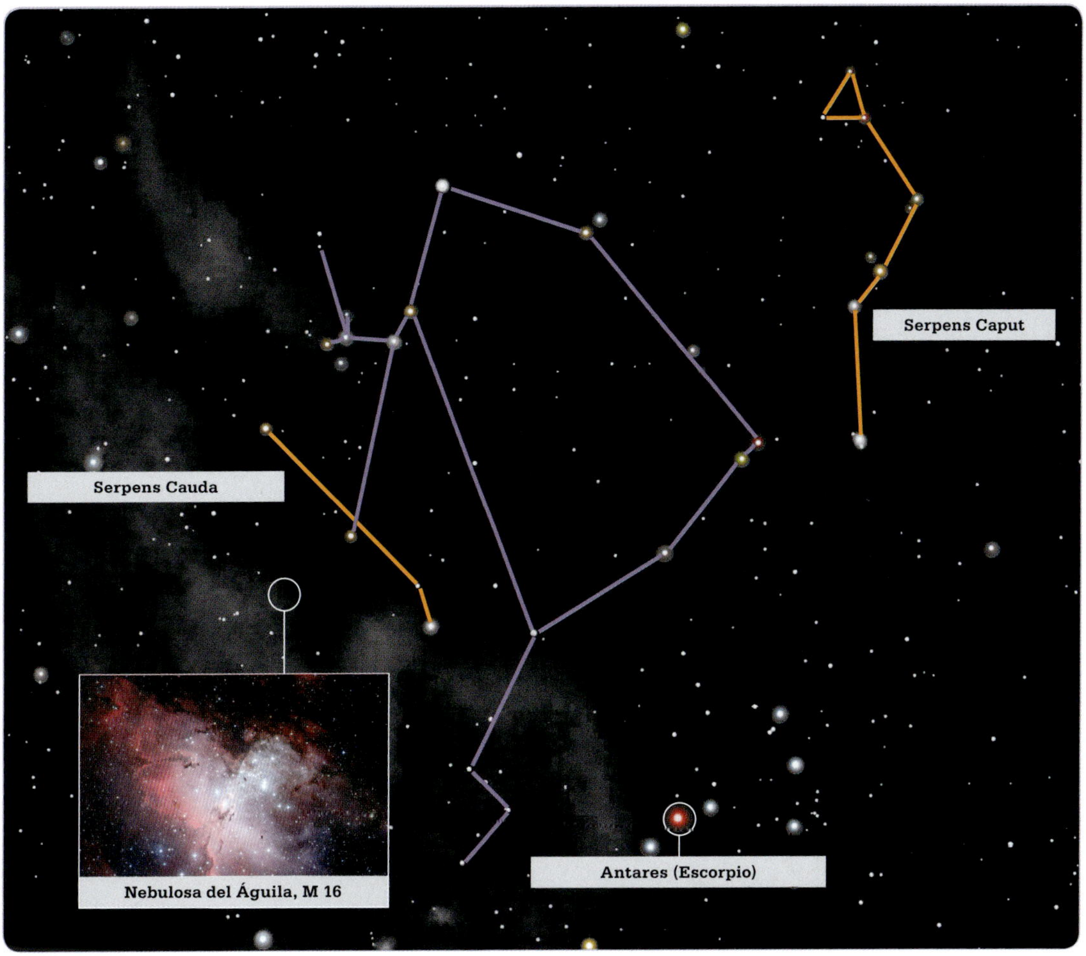

Nebulosa del Águila, M 16

Localizadores del **hemisferio sur**

Desde las latitudes medias Ofiuco es visible más o menos desde marzo en el Este, pero sólo de madrugada. Hacia junio está alta en el Norte o sobre la cabeza del espectador a medianoche, mientras que hacia septiembre se puede ver en el Oeste más a principios de la noche.

1 marzo, 3h
Mirando al Este

1 junio, medianoche
Mirando arriba al Norte

1 septiembre, 21h
Mirando al Oeste

Observación de **la Cruz**

Ya se encontró con Crux, la Cruz del Sur, antes, cuando la utilizó para hacer "saltos de estrellas" a las constelaciones vecinas y también para encontrar el polo sur celeste. Esta constelación se encuentra en una zona brillante de la Vía Láctea y contiene algunos objetos interesantes para mirar con prismáticos o a simple vista.

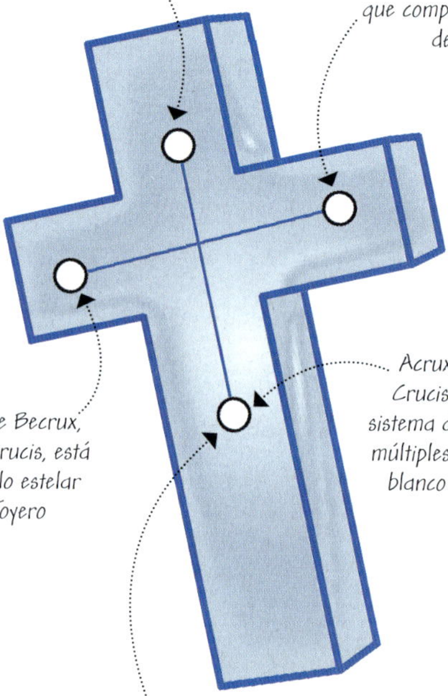

Crux, la Cruz del Sur

Es la constelación más pequeña: desde la Tierra mide apenas la anchura de una mano cerrada. Uno de sus objetos más destacados es un brillante cúmulo de estrellas llamado El Joyero. Con los prismáticos verá varias docenas de estrellas blanco azuladas y una contrastada supergigante roja. Junto a Crux se halla la nebulosa Saco de Carbón, una extensa nube de polvo.

Recuerde Crux es una de las constelaciones que se reconocen más fácilmente debido a su forma tan familiar; la disposición inequívoca de sus estrellas aparece en las banderas nacionales de Nueva Zelanda, Australia, Samoa, Papúa Nueva Guinea y Brasil.

La oscura nebulosa **Saco de Carbón**

Esta gran nube borrosa de polvo interestelar recorta su silueta contra la Vía Láctea. Tiene la anchura de 12 lunas llenas, por lo que es fácil de detectar durante las noches oscuras. Aquí, la estrella Acrux está a la derecha de la nebulosa, y Becrux está encima de ella.

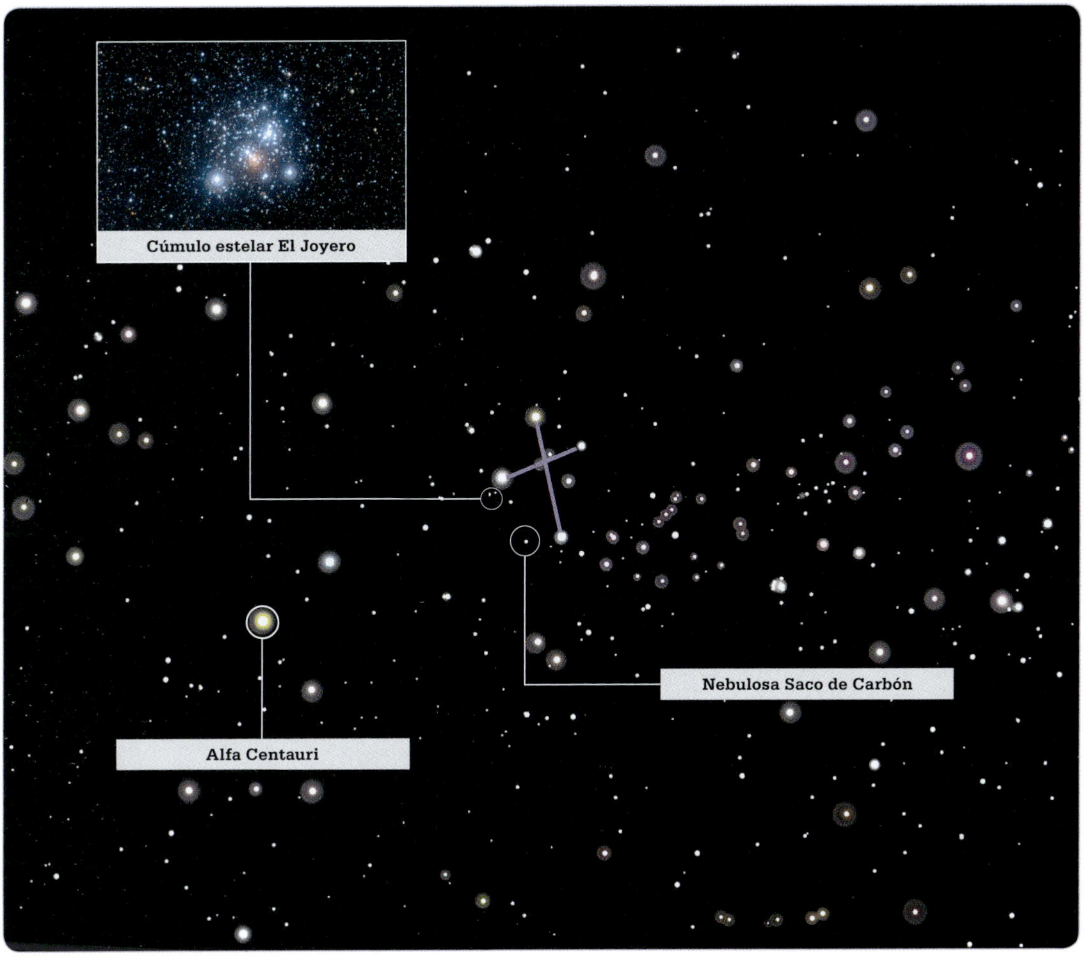

Localizadores del **hemisferio sur**

Desde las latitudes medias, La Cruz del Sur es visible por entero en el cielo del Sur todo el año durante gran parte de la noche. Parte de la constelación se oculta a veces por debajo del horizonte, por ejemplo durante las noches de noviembre.

1 diciembre, 2h
Mirando hacia el Sur

1 abril, medianoche
Mirando arriba al Sur

1 agosto, 22h
Mirando hacia el Sur

Observación de **Sagitario**

Esta destacada constelación zodiacal que se halla en la dirección del centro de la Vía Láctea alberga numerosos cúmulos estelares y nebulosas brillantes que son un espectáculo gratificante con los prismáticos. Sagitario es más fácil de ver desde el hemisferio sur, pero durante las noches de verano también vale la pena echarle un vistazo desde el hemisferio norte.

Recuerde Una vista impresionante para buscar con prismáticos en Sagitario es la Nebulosa de la Laguna (M8); esta nebulosa de emisión se encuentra por encima del pitorro del asterismo la Tetera. Más al norte vemos la Nebulosa Omega –o del Cisne–, de color verde pálido.

Sagitario, el Arquero

La figura de la constelación de Sagitario muestra un clásico centauro (mitad humano, mitad caballo) con el arco de un arquero. Para encontrarla en el cielo, puede ser de ayuda identificar primero el asterismo la Tetera, un dibujo de estrellas situado en el centro de la constelación que se asemeja a una tetera. El área en torno a la parte superior de la tetera es el mejor lugar para mirar con los prismáticos para ver brillantes nebulosas y cúmulos estelares.

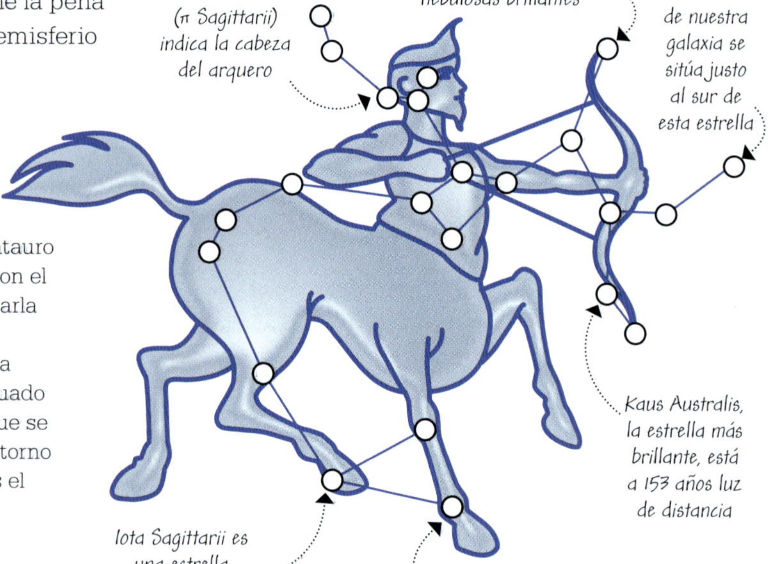

Localizadores del **hemisferio norte**

Desde las latitudes medias (40° N), la constelación de Sagitario puede verse entre mayo y septiembre, mirando hacia el horizonte sur. Durante el mes de julio, la mayor parte de la constelación está sobre el horizonte en torno a medianoche.

1 mayo, 2h
Mirando al Sur

1 julio, medianoche
Mirando al Sur

1 septiembre, 22h
Mirando al Sur

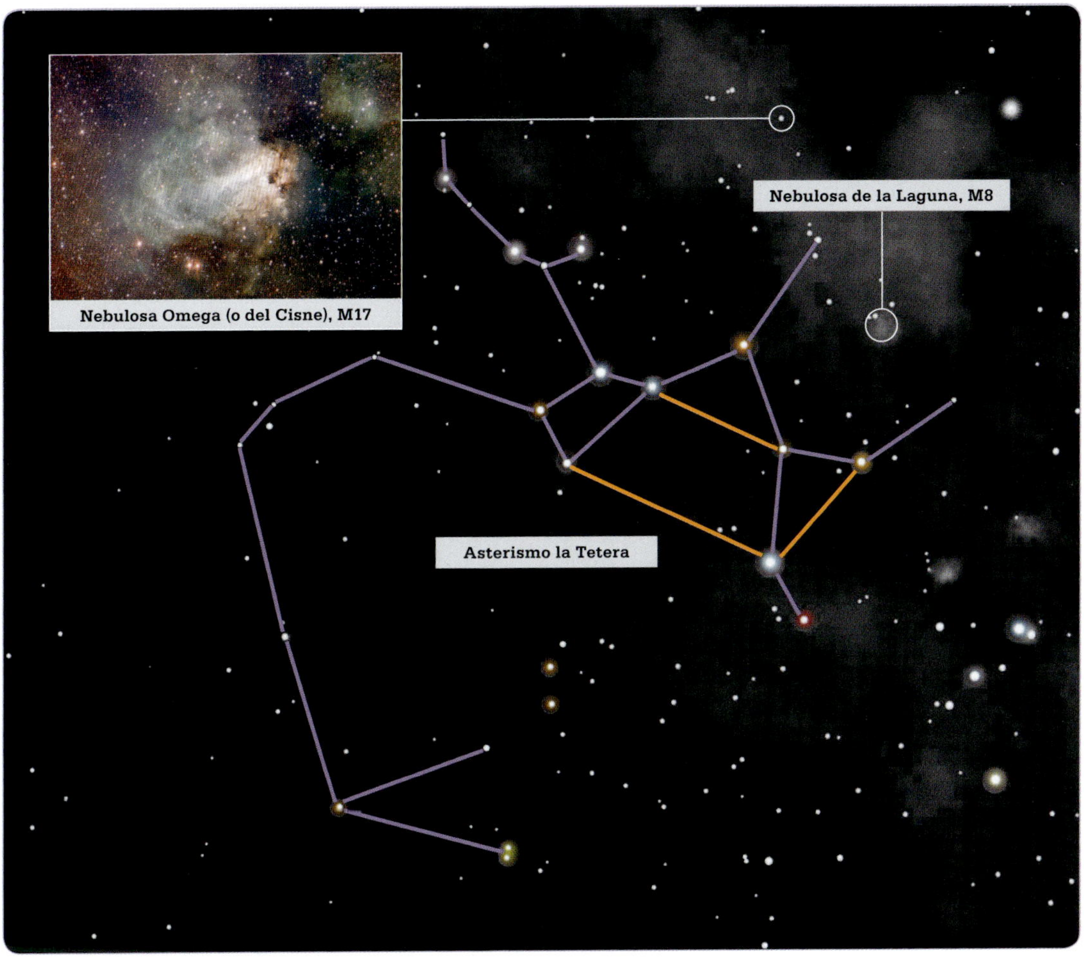

Localizadores del **hemisferio sur**

Desde las latitudes medias (40° S), Sagitario es visible a partir de marzo durante la madrugada, mirando al Este. Hacia julio está alta en el Norte o sobre la cabeza del observador en torno a medianoche. En octubre todavía puede verse al principio de la noche hacia el Oeste.

1 de abril a las 2h
Mirando al Este

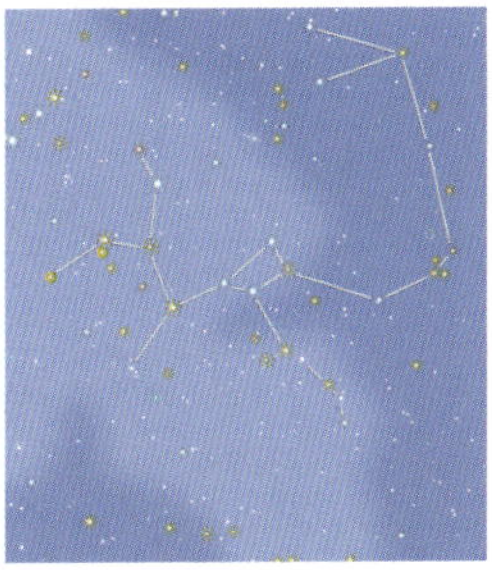

1 de julio a medianoche
Mirando arriba al Norte

1 de octubre a las 22h
Mirando al Oeste

Observación de **Carina**

Carina, una constelación austral que se encuentra parcialmente dentro de la banda de la Vía Láctea, contiene una nebulosa brillante, una estrella excepcionalmente brillante y varios cúmulos estelares. Por desgracia, no podrá ver Carina desde el hemisferio norte, a menos que usted esté cerca de la línea ecuatorial.

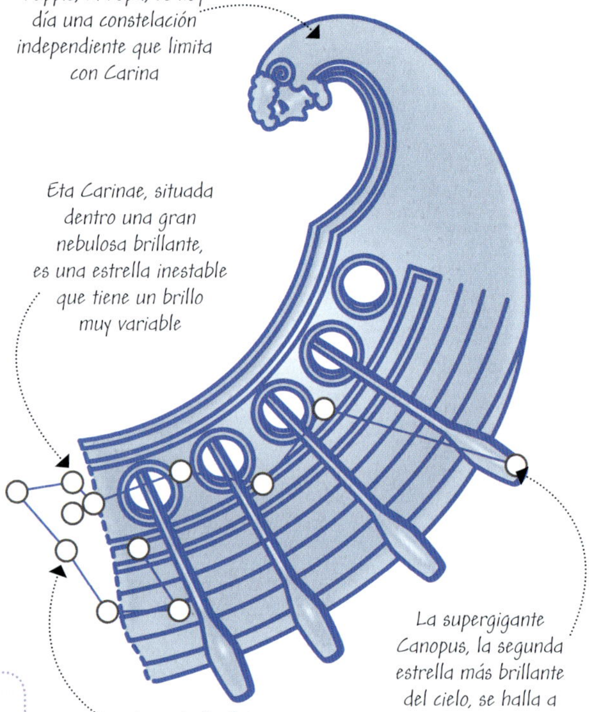

Carina, la Quilla

La constelación de Carina fue antaño parte de la figura más grande de Argo Navis, la nave de los Argonautas. En el siglo XVIII la quilla, las velas y la popa se dividieron en Carina, Vela (ver p. 158) y Puppis. Carina conservó muchas de las características más espectaculares de la nave original, como la estrella blanca intensa Canopus (Canopo) y la brillante Nebulosa de la Quilla o Eta Carinae.

Recuerde La mayoría de los cúmulos estelares de Carina, que es recomendable mirar con prismáticos, se encuentran cerca de la Nebulosa de la Quilla, fácil de detectar a simple vista. Una excepción es el cúmulo Pesebre del Sur, que está aún más allá, hacia Canopus.

Nebulosa de la Quilla o de Eta Carinae, NGC 3372

El elemento central de Carina es una gran nube de luz de gas y polvo situada a 7.500 años luz de distancia. La nebulosa de la Quilla, de Carina o de Eta Carinae, es una importante región formadora de estrellas de la Vía Láctea y un excelente objetivo para mirar con prismáticos.

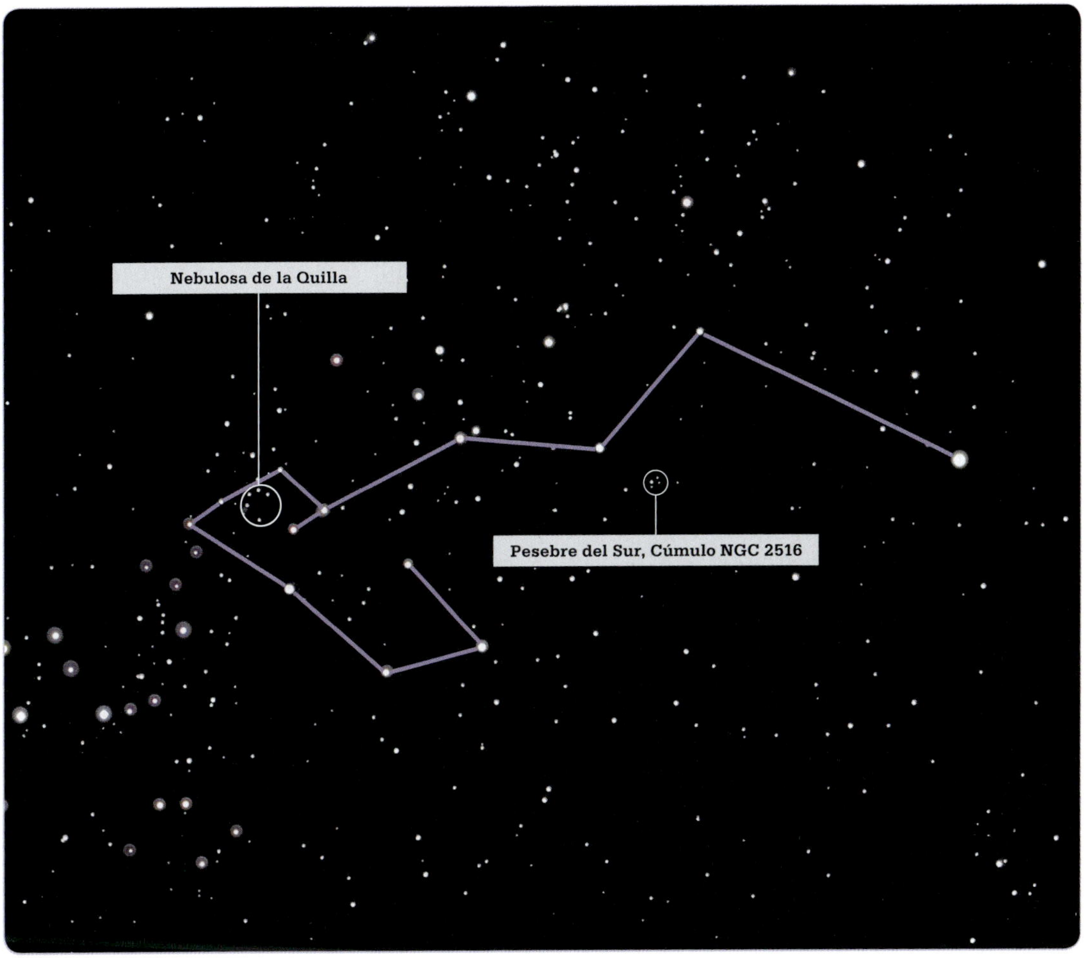

Localizadores del **hemisferio sur**

Desde las latitudes medias, la constelación de Carina es visible al menos en parte en el cielo del Sur cada una de las noches del año, aunque una parte de ella a veces desaparece por debajo del horizonte: por ejemplo, en torno a medianoche en agosto.

1 octubre, 2h
Mirando al Sur

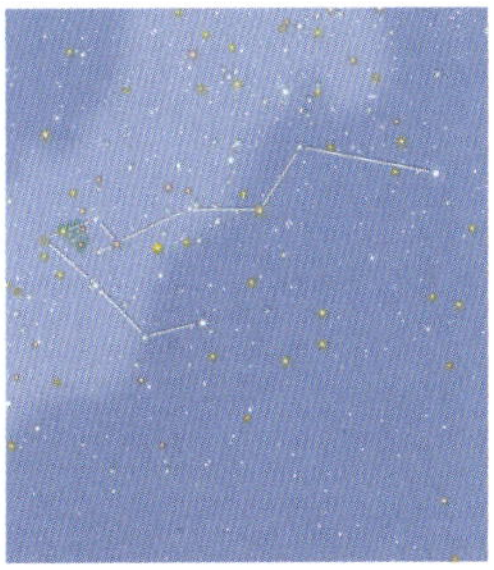

1 febrero, medianoche
Mirando arriba al Sur

1 junio, 22h
Mirando al Sur

Observar **Andrómeda**

Esta constelación septentrional no es una de las que más destaca en el cielo, pero sí contiene algunos buenos objetos para ver con prismáticos. Fíjese en la distante galaxia de Andrómeda (ver p. 128) pero primero aprenda a conocer la constelación homónima y a mirar algunos de sus objetos más cercanos.

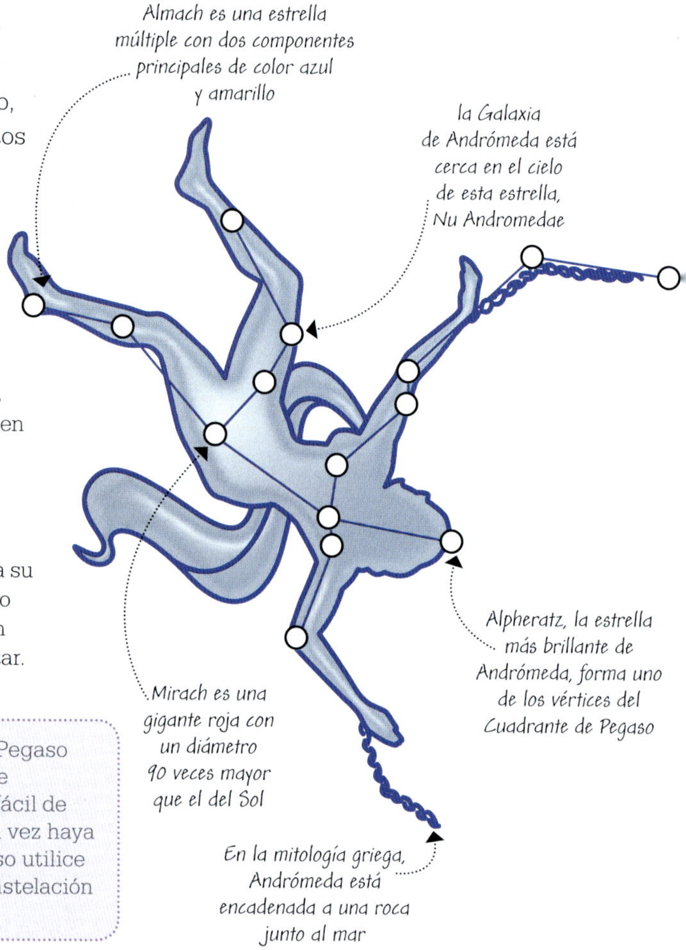

Andrómeda, la princesa

Representa la hija de la reina Casiopea, quien tiene su propia constelación (ver p. 104). Consiste en varias ristras de estrellas relativamente débiles unidas a una línea irregular de estrellas más brillantes que va desde el pie izquierdo de Andrómeda hasta su cabeza. Alpheratz (en su cabeza) indica uno de los vértices del Cuadrante de Pegaso, un asterismo cercano, grande y fácil de detectar.

Recuerde El destacado Cuadrante de Pegaso rodea un área oscura de cielo, por lo que inicialmente puede que le resulte más fácil de localizar que la propia Andrómeda. Una vez haya encontrado el Gran Cuadrante de Pegaso utilice la estrella que éste comparte con la constelación para identificar a Andrómeda.

Localizadores del **hemisferio norte**

En latitudes medias, esta constelación es visible en algún momento de la noche durante casi todo el año. Las mejores épocas para visualizarla son otoño y principios de invierno, cuando Andrómeda está alta en el Sur o sobre la cabeza del observador en torno a la medianoche.

1 julio, 3h
Mirando hacia el Este

1 octubre, medianoche
Mirando arriba al Sur

1 febrero, 21h
Mirando al Oeste

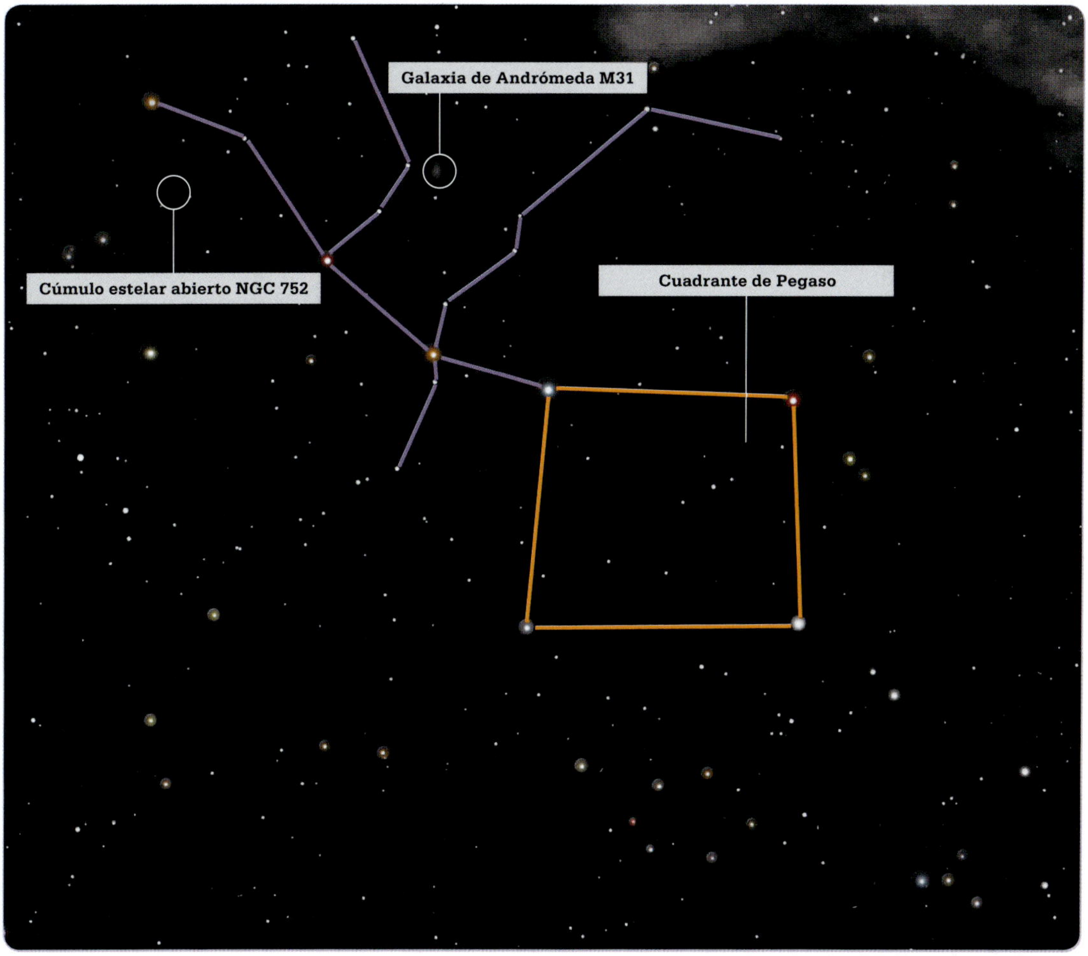

Cúmulo estelar abierto NGC 752

Se encuentra en la zona situada bajo la pierna izquierda de Andrómeda. Se compone de unas 70 estrellas dispuestas en una agrupación laxa, se ve fantástico con los prismáticos y aparece cerca de una cadena curvada de estrellas más brillantes y coloreadas situada algo más al Sur.

Observación de la **Galaxia de Andrómeda**

Cuando estudie Andrómeda y el Cuadrante de Pegaso puede que decida utilizar sus prismáticos para buscar un objeto especial –la Galaxia de Andrómeda– la galaxia grande más cercana a nosotros fuera de nuestra propia Vía Láctea.

Localización de la galaxia

Las noches de octubre a diciembre, en el hemisferio norte o a latitudes bajas en el hemisferio sur, son los mejores momentos para localizar esta galaxia. Primero encuentre a simple vista Andrómeda y el Cuadrante de Pegaso y luego, con los prismáticos, localice la brillante estrella Alpheratz en uno de los vértices del cuadrante. Recorra del cuerpo de la figura con los prismáticos y cuando llegue a la segunda estrella, Mirach, gire a la derecha a lo largo de la pierna de Andrómeda, hacia la zona del "muslo". En la segunda estrella en el muslo gire un poco "a la derecha" y ahora debería ver una mancha elíptica de luz grande y difusa: es la Galaxia de Andrómeda.

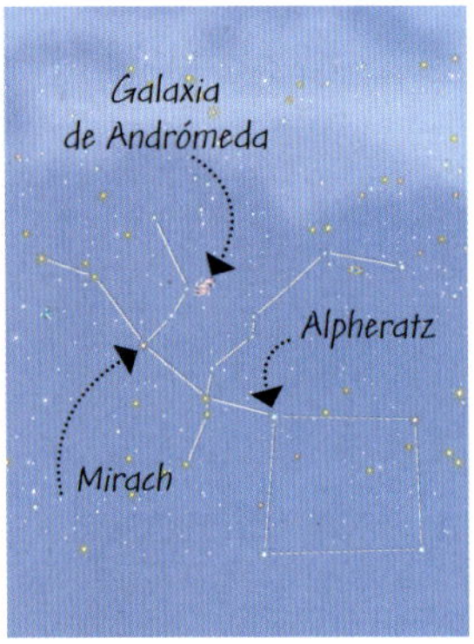

Andrómeda desde el hemisferio norte

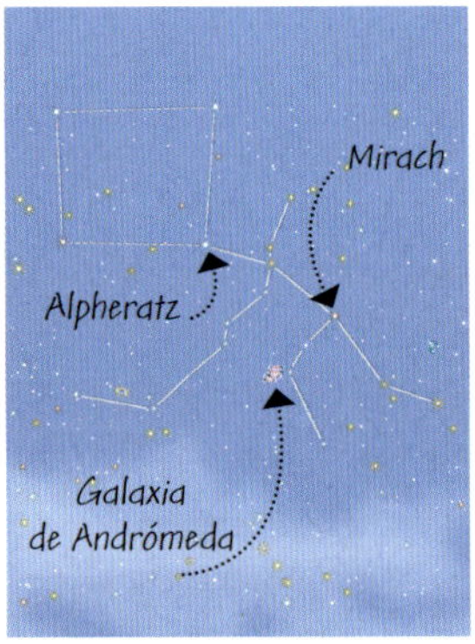

Andrómeda desde el hemisferio sur

Con los prismáticos

La elipse brumosa y alargada es más grande que la Luna –y esta es apenas el área central de la galaxia. Entera, es el doble de grande, pero sus partes exteriores son demasiado tenues para poder verlas con prismáticos.

A través del tiempo

En una noche muy oscura y sin contaminación lumínica, Andrómeda es el objeto más distante que puede verse a simple vista. Está a más de 2,5 millones de años luz, por lo que usted ve la galaxia tal como aparecía hace 2,5 millones de años. Es una galaxia espiral, como nuestra Vía Láctea, contiene cerca de un billón de estrellas y es algo mayor que la Vía Láctea pero su masa es comparable. A diferencia de la mayoría de las demás galaxias, se está desplazando hacia la nuestra, y se espera que dentro de unos 3.750 millones de años se fusionarán.

Galaxia de Andrómeda M31

Una guía rápida de las **galaxias**

Las galaxias son enormes colecciones de estrellas, gas, polvo y materia oscura que se mantienen juntas por la fuerza de la gravedad. Los astrónomos creen que hay por lo menos 100 mil millones de galaxias en el Universo. Las galaxias varían mucho en tamaño y forma, desde enanas con apenas unos pocos millones de estrellas hasta galaxias gigantes con más de 100 billones.

Tipos de galaxias

Las galaxias se clasifican en unos pocos tipos principales, según la forma que vemos desde la Tierra. Las galaxias espirales tienen un centro de estrellas rodeado de brazos espirales curvos. En las galaxias espirales barradas, una barra recta atraviesa el centro uniendo los brazos espirales. Las elípticas tienen una forma simple de pelota y las galaxias irregulares no tienen una forma clara.

Galaxia elíptica

Galaxia espiral

Galaxia espiral barrada

Galaxia irregular

Galaxia espiral NGC 4414

Galaxias activas

Los astrónomos creen que la mayoría de las galaxias giran en torno a un agujero negro central supermasivo. La mayoría de los agujeros negros parecen estar latentes pero en ciertas galaxias –galaxias "activas"– está cayendo materia en el agujero negro. Mientras va entrando en espiral, la materia va siendo desgarrada por la gravedad y gira alrededor del centro galáctico formando un anillo de polvo y gas sobrecalentado. Dos enormes chorros de partículas se proyectan hacia fuera de este anillo, viajando casi a la velocidad de la luz y estirándose miles de años luz en espacio. Las galaxias activas se clasifican según su aspecto y con la mezcla de radiaciones que emiten.

Observación de **Leo**

La constelación zodiacal de Leo es una de los más fáciles de reconocer porque su contorno se parece realmente a un león. Entre lo más destacado para ver con prismáticos se incluyen unas pocas galaxias más, así como algunas de las estrellas más brillantes de Leo.

Recuerde La brillante estrella Regulus de Leo puede encontrarse mediante "saltos de estrellas" desde el Carro de la Osa Mayor (ver p. 46). Una vez localizada, debería poder ver el asterismo de la Hoz que parece la imagen de un signo de interrogación.

Leo, el León

La figura de la constelación de Leo representa un león agazapado. En la parte anterior de la figura, un asterismo llamado la Hoz dibuja el pecho y la cabeza del león. Entre los objetos que se ven bien con prismáticos figuran varias estrellas de la Hoz y una región en torno a la pata posterior derecha del león que contiene tres tenues galaxias espirales. Los meteoros Leónidas irradian cada noviembre desde la región de la Hoz (ver p. 75).

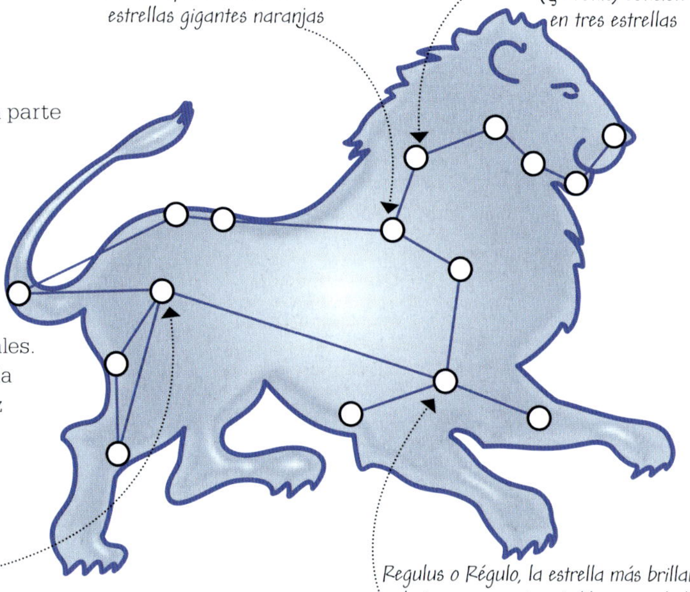

Localizadores del **hemisferio norte**

Desde las latitudes medias (en torno a los 40° N) la constelación de Leo se torna visible a partir de principios de noviembre en el cielo del Este, pero sólo de madrugada. Hacia marzo destaca en lo alto del cielo del Sur en torno a medianoche.

1 diciembre, 2h
Mirando al Este

1 marzo, medianoche
Mirando arriba al Sur

1 junio, 22h
Mirando al Oeste

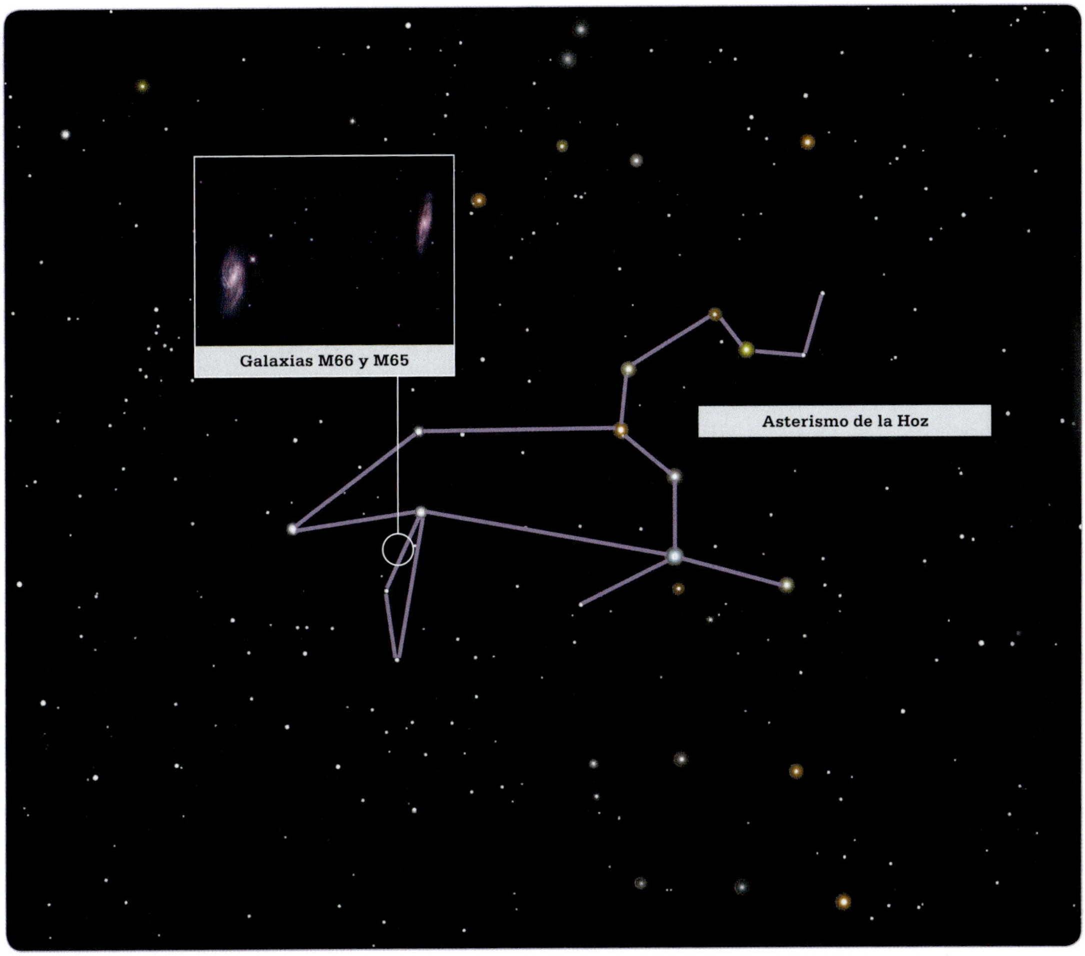

Localizadores del **hemisferio sur**

Desde las latitudes medias (en torno a los 40° S), la constelación puede verse –aunque invertida– a baja altura en el Norte en febrero y marzo, en torno a medianoche. En mayo Leo está baja en el cielo del Noroeste a horas más tempranas de la noche.

1 enero, 2h
Mirando al Noreste

1 marzo, medianoche
Mirando al Norte

1 mayo, 20h
Mirando al Noroeste

Observación de **Dorado**

Desde el hemisferio sur no es difícil ver una galaxia fuera de la nuestra propia: encuentre la constelación de Dorado y busque la Gran Nube de Magallanes (LMC por sus siglas en inglés), que es un satélite irregular de la Vía Láctea. Es visible a simple vista, pero también vale la pena examinar con prismáticos la LMC, así como otros objetos de Dorado.

Recuerde Para localizar Dorado y la Gran Nube de Magallanes, establezca primero la dirección del polo sur celeste (ver p. 44). La "boca" del pez y la LMC se hallan más o menos entre el polo y Canopus (Canopo), la estrella más brillante de esta parte del cielo.

Dorado, la lampuga

La figura de la constelación representa un pez –de una especie propia de aguas tropicales y subtropicales– que nada hacia el Sur. Varias de sus seis estrellas principales son dignas de mirar con prismáticos, pero el objeto más interesante es la cercana Gran Nube de Magallanes. Clasificado como una galaxia enana, este objeto lleva el nombre del explorador del siglo XVI Fernando de Magallanes. Aunque se halla a unos 170.000 años luz de distancia, abarca 20 diámetros completos de la Luna en el cielo y a primera vista parece una parte separada de la Vía Láctea. Los prismáticos permiten ver numerosos nebulosas y cúmulos estelares.

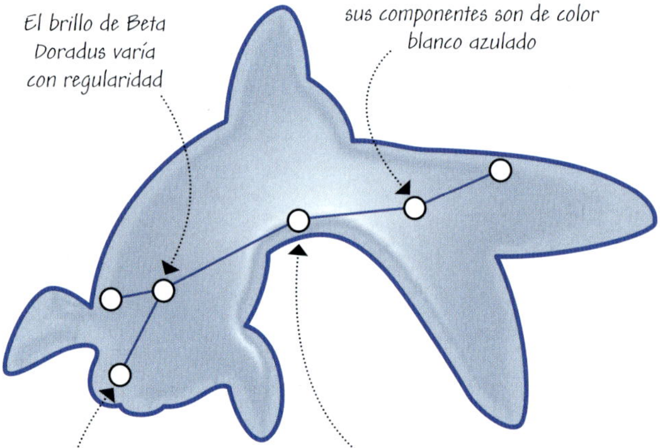

Nebulosa de la Tarántula, NGC 2070

La nebulosa formadora de estrellas está cerca de uno de los bordes de la Gran Nube de Magallanes. En su centro se ve con prismáticos un grupo de estrellas recién nacidas. Unos bucles de gas de la nebulosa que recuerdan las patas de una araña inspiraron su nombre popular.

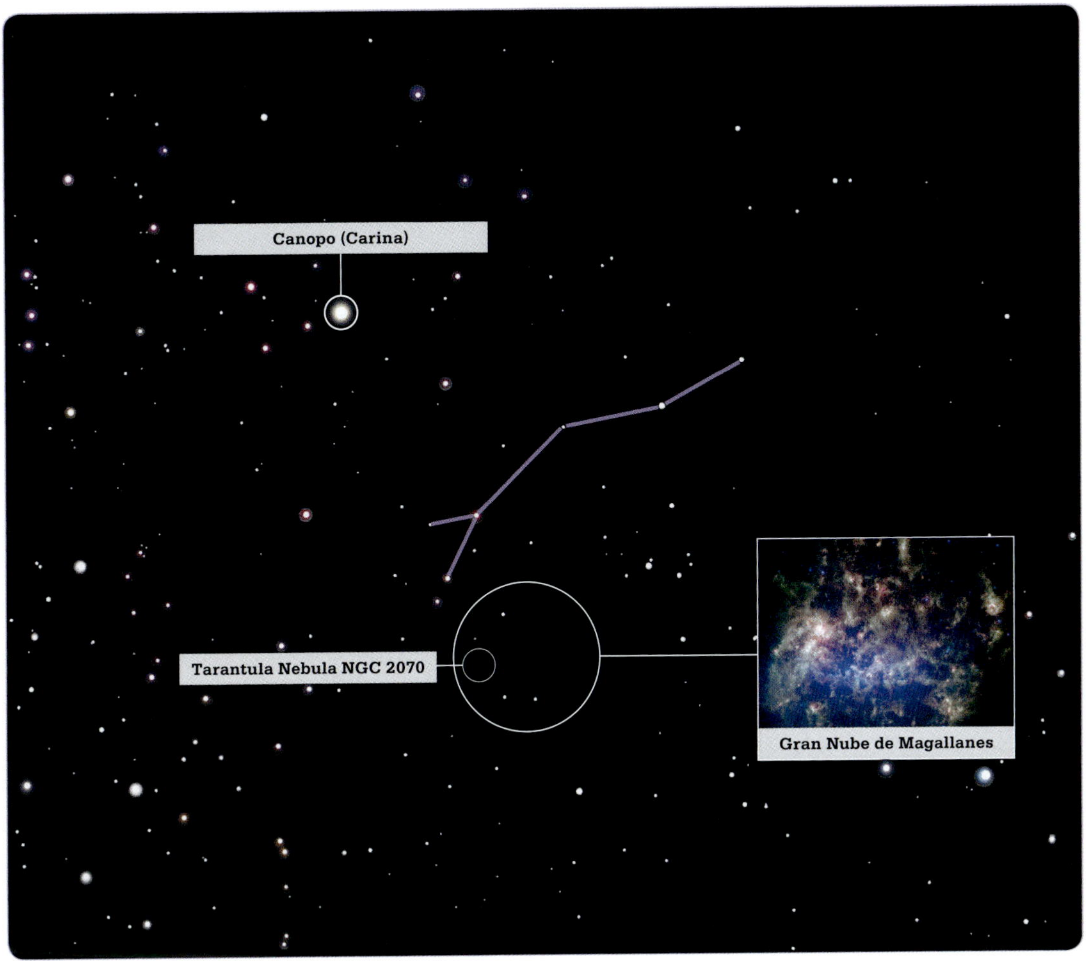

Localizadores del **hemisferio sur**

Desde las latitudes medias (en torno a los 40° S) la constelación Dorado es al menos parcialmente visible en el cielo del Sur cada una de las noches del año. Partes de ella desaparecen a veces por debajo del horizonte, por ejemplo a principios de las noches de junio y de julio.

1 agosto, 2h
Mirando al Sureste

1 dic., medianoche
Mirando arriba al Sur

1 abril, 22h
Mirando al Suroeste

Observación de **Mercurio**

Mercurio, el planeta más cercano al Sol, es un objeto difícil de observar debido a que nunca se aleja mucho del Sol en el cielo. Pero de vez en cuando puede verse como un punto de luz cerca del horizonte al anochecer o al alba. El uso de prismáticos puede revelar sus fases.

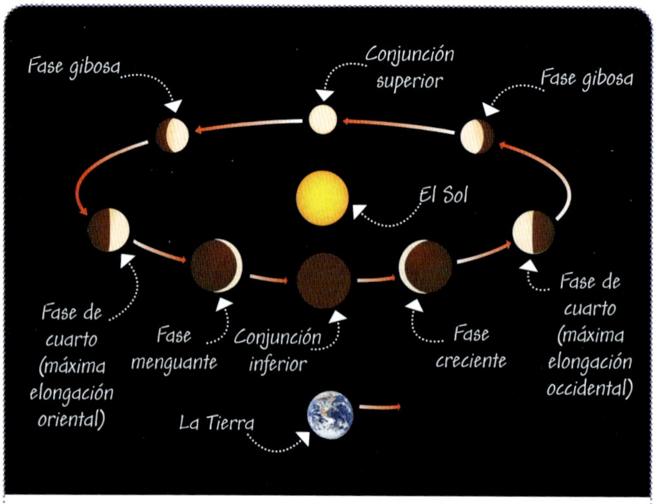

La vista desde la Tierra

Mercurio orbita en torno al Sol mucho más rápidamente que la Tierra y más o menos cada 116 días adelanta a la Tierra "por el interior". En el punto de cada adelantamiento, Mercurio se mueve entre la Tierra y el Sol (conjunción inferior) y no puede verse. Pero a las pocas semanas, y durante unas pocas semanas a partir de entonces, es visible a baja altura en el Este antes del amanecer (apariciones matutinas). Posteriormente durante unas pocas semanas se desplaza fuera de la vista al otro lado del Sol (conjunción superior). El planeta reaparece luego y esta vez a baja altura en el Oeste, justo después de la puesta del Sol (apariciones vespertinas). Por último, perdemos de vista a Mercurio mientras completa su órbita y adelanta de nuevo a la Tierra.

Sugerencia Las posibilidades de ver Mercurio dependerán de la latitud, de la época del año y de factores relacionados con la órbita del planeta. En un cielo despejado hay una probabilidad razonable de que pueda ver Mercurio como un punto pequeño y brillante muy cerca del horizonte. Procure no confundirlo con Venus, mucho más brillante y deslumbrante.

MIRE HACIA EL ESTE antes del amanecer (apariciones matutinas)

Fecha	Máxima elongación
mar. 2014	14 mar.
jul. 2014	12 jul.
oct.–nov. 2014	1 nov.
feb. 2015	24 feb.
jun. 2015	24 jun.
oct. 2015	16 oct.
feb. 2016	6 feb.
mayo–jun. 2016	5 jun.
sep.–oct. 2016	28 sep.
ene. 2017	19 ene.
mayo 2017	17 mayo
sep. 2017	12 sep.
dic. 2017–ene. 2018	1 ene.
abr.–mayo 2018	29 abr.
ago.–sep. 2018	26 ago.
dic. 2018	15 dic.
abr. 2019	11 abr.
ago. 2019	9 ago.
nov.–dic. 2019	28 nov.
mar. 2020	24 mar.
jul. 2020	22 jul.
nov. 2020	10 nov.
mar. 2021	6 mar.
jun.–jul. 2021	4 jul.
oct. 2021	25 oct.
feb. 2022	16 feb.
jun. 2022	16 jun.
oct. 2022	8 oct.
ene.–feb. 2023	30 ene.

MIRE HACIA EL OESTE después del atardecer (apariciones vespertinas)

Fecha	Máxima elongación
ene.–feb. 2014	31 ene.
mayo 2014	25 mayo
sep. 2014	21 sep.
ene. 2015	14 ene.
mayo 2015	7 mayo
ago.–sep. 2015	4 sep.
dic. 2015–ene. 2016	29 dic.
abr. 2016	18 abr.
ago. 2016	16 ago.
dic. 2016	10 dic.
mar.–abr. 2017	1 abr.
jul.–ago. 2017	29 jul.
nov. 2017	23 nov.
mar. 2018	15 mar.
jul. 2018	11 jul.
oct.–nov. 2018	6 nov.
feb.–mar. 2019	27 feb.
jun. 2019	23 jun.
oct. 2019	20 oct.
feb. 2020	10 feb.
mayo–jun. 2020	4 jun.
sep.–oct. 2020	1 oct.
ene. 2021	24 ene.
mayo 2021	17 mayo
sep. 2021	14 sep.
ene. 2022	7 ene.
abr.–mayo 2022	29 abr.
ago.–sep. 2022	27 ago.
dic. 2022	21 dic.
abr. 2023	11 abr.

Mercurio (izquierda) con Venus durante el ocaso en Chile, oct. de 2011

Localización de Mercurio

Mercurio es más fácil de ver desde latitudes tropicales y subtropicales, pero para visualizarlo elija una fecha entre la elongación máxima, cuando se encuentra en su distancia máxima desde el Sol y es más fácilmente de detectar, y una semana más tarde para las apariciones matutinas, o una semana antes para las apariciones vespertinas. Una vez haya localizado Mercurio, pruebe de examinarlo con los prismáticos. Puede que vea que su disco no está completamente iluminado, sino que sólo está medio iluminado o incluso que está en una fase ligeramente gibosa, porque Mercurio tiene fases como las de la Luna.

Una guía rápida de **Mercurio**

Es uno de los mundos más extremos del Sistema Solar. Debido a una relación única entre su órbita y su velocidad de rotación, la mayor parte de su superficie está alternativamente abrasada por el Sol luego se sume en la oscuridad y el frío extremo durante varios meses seguidos. Su superficie está cubierta de cráteres de impacto y algunas antiguas coladas de lava.

Órbita

Mercurio tarda 88 días en recorrer su órbita que es altamente elíptica: en su máxima distancia al Sol le separan de él más del 50% que en su punto más próximo. Mercurio gira sobre su eje una vez cada 58,7 días de la Tierra, por lo que realiza tres giros por cada dos revoluciones. A resultas de ello, en Mercurio transcurren 176 días terráqueos entre una salida del sol y la siguiente.

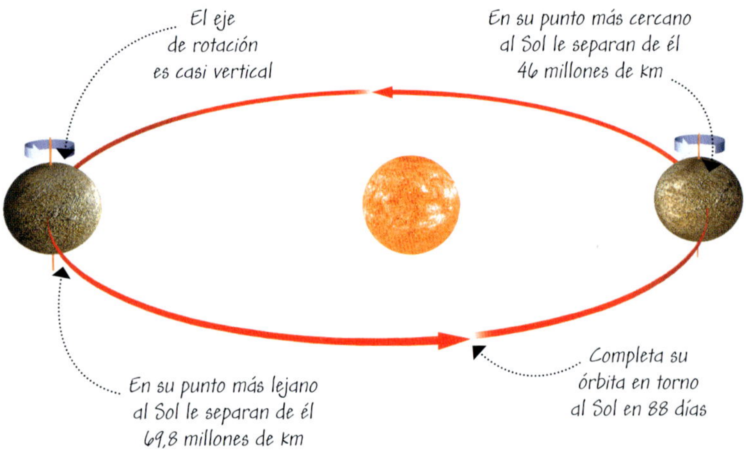

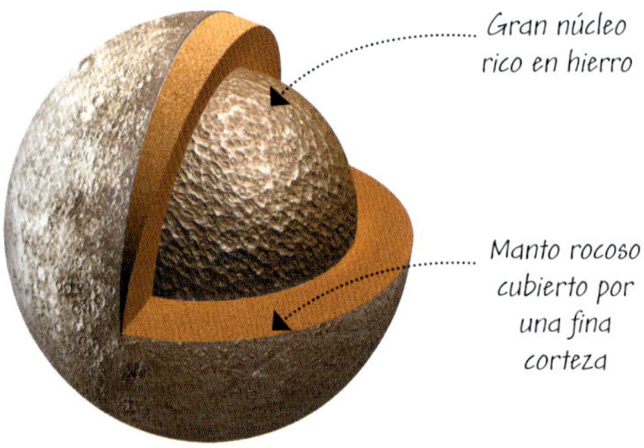

Estructura

Su densidad es elevada, así que su núcleo debe ser relativamente grande y rico en hierro. Alrededor del núcleo hay un manto rocoso y una corteza. Mercurio es demasiado pequeño y caliente para retener una atmósfera.

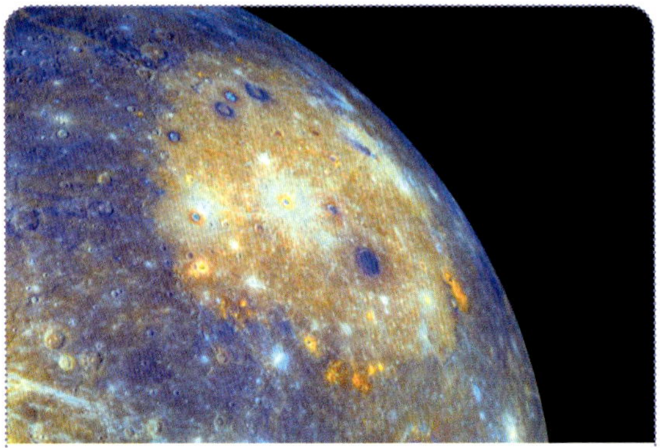

Cuenca de Caloris

El área circular con un tono amarillento de esta imagen con el color mejorado se conoce como Cuenca de Caloris. Esta amplia depresión mide unos 1.500 km de anchura y fue creada por el impacto de un antiguo asteroide.

Perfil de Mercurio

Mercurio es el planeta más cercano al Sol. Con su diámetro de 4.879 km es también el planeta más pequeño del Sistema Solar.

Distancia media al Sol
57,9 millones de km

Completa su órbita en torno al Sol en
88 días

Completa el giro sobre su eje en
58 días 15 horas 36 minutos

Máxima magnitud aparente
-1,9 (ver p. 51)

Distancia máxima a la Tierra
221,9 millones de km

Distancia mínima a la Tierra
77,3 millones de km

Máximo tamaño angular en el cielo
13 segundos de arco (ver p. 12)

Número de satélites
0

Comparación de tamaños

Observación de **un cometa**

La aparición, durante unas semanas o meses, de un cometa brillante en el cielo nocturno es una delicia astronómica bastante poco común. Cuando aparece uno de estos exóticos visitantes, pasar una o dos horas de observación, ya sea con los prismáticos o ya sólo a simple vista, puede ser una experiencia muy gratificante.

Cuándo observar un cometa

Son trozos de hielo, polvo y rocas que orbitan alrededor del Sol. Cuando se acercan al Sol, algunos cometas desarrollan nubes brillantes de material alrededor de sí mismos y colas ondeantes, lo que ofrece un hermoso espectáculo en el cielo. Los cometas espectaculares o "fantásticos" son poco frecuentes o impredecibles: hay uno o dos por década. Unos pocos regresan y dan un buen espectáculo. El más famoso –Halley– no se verá hasta 2061. Los cometas tenues son mucho más comunes, pero un cometa "espectacular" será más fácil de detectar.

Técnica de observación

Un cometa no hace una raya a través del cielo como una estrella fugaz (ver p. 74). En vez de ello busque un área difusa de la luz –la coma o cabellera– que es estacionaria contra el fondo estrellado; al cabo de varias noches de observación verá que se desplaza lentamente a través del paisaje estelar. Desde la coma pueden extenderse una o más colas tenues. Vale la pena observar un cometa brillante tanto a simple vista –para admirar la extensión completa de la cabellera– y también con los prismáticos, que le permitirán ver los detalles sutiles adicionales de las colas, tales como torceduras, aglutinaciones y "serpentinas".

Cometa Hale-Bopp, julio de 1997

Guía rápida de los **cometas**

Los cometas son pedazos giratorios de hielo, rocas y polvo; pueden variar desde unos 100 metros hasta 40 km de ancho, y por lo general ocupan regiones remotas del Sistema Solar. Cuando un cometa entra en el Sistema Solar interior, puede convertirse en un objeto notablemente brillante en el cielo.

Órbitas y colas cometarias

Los cometas observados en el Sistema Solar interior son o bien visitantes regulares –que vuelven a intervalos variables, desde unos pocos años hasta miles de años– o "turistas de una sola vez". Todos ellos orbitan –en su mayoría con órbitas elípticas muy excéntricas– alrededor del Sol. Cuando un cometa se acerca al Sol, el calor del astro hace que se libere gas, polvo y partículas de hielo en el espacio, lo que crea una nube difusa y brillante llamada coma en torno al núcleo del cometa. Las radiaciones y los chorros de partículas emitidas por el Sol también empujan en la nube de material expulsado, formando típicamente dos "colas" de cometas. Una de las colas consiste en polvo y la otra, por lo general más tenue y más recta, consiste en iones (partículas de gas con una carga eléctrica).

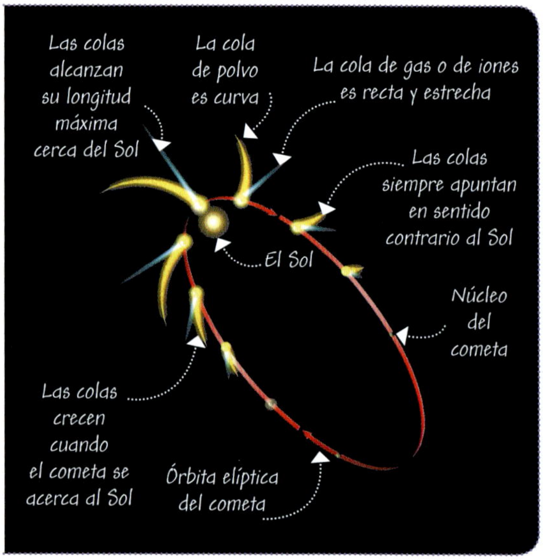

Cometa Pan-STARRS

Este cometa ofreció un pequeño espectáculo a los observadores del cielo durante los primeros meses de 2013, aunque nunca llegó a ser muy brillante. No volverá a aparecer hasta dentro de miles de años, si es que lo hace.

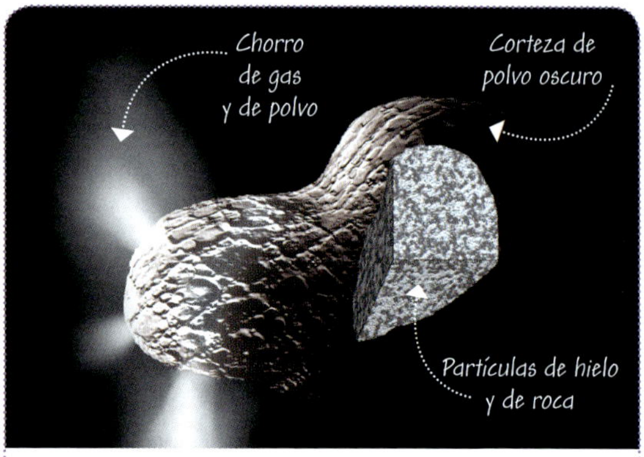

Núcleo de un cometa

El núcleo de los cometas tiene una forma irregular y se compone de una mezcla de hielo, polvo y partículas de rocas, con una fina capa superficial de polvo. Al ser calentado por el Sol, chorros de gas y de polvo empiezan a brotar de su superficie.

Cometa McNaught, C/2006 P1, visible en 2007

3

Llegar más lejos

El objetivo principal de este capítulo final son algunos objetos fascinantes del cielo nocturno, aunque por ser bastante tenues requieren un telescopio para observarlos con claridad. Entre ellos se incluyen los anillos de Saturno, los cuatro satélites más grandes de Júpiter, algunas nebulosas planetarias (restos de estrellas gigantes rojas), más galaxias fuera de la nuestra y restos de supernovas como la Nebulosa del Cangrejo. Encontrará aquí nuevas constelaciones, si bien esta vez contienen objetos muy apropiados para verlos con telescopio. También se incluyen consejos prácticos para elegir y utilizar un telescopio pequeño y las formas más seguras de utilizar instrumentos ópticos y observar el Sol. Estos aspectos los abordará mejor cuando tenga experiencia en la astronomía a simple vista y con prismáticos.

Nebulosa formadora de estrellas (en amarillo, en el centro) y resto de supernova Tycho (la burbuja roja de la parte superior derecha)

Elegir y utilizar **un telescopio pequeño**

A medida que crece su interés por la astronomía, puede que en algún momento desee empezar a utilizar un telescopio. Este instrumento le permitirá acceder a nuevos niveles de observación, sobre todo para ver objetos más tenues o más indistintos tales como los satélites de Júpiter, los anillos de Saturno y algunos tipos de nebulosas.

Sugerencia Pueden tener oculares intercambiables de diferentes aumentos. Los aumentos de más de 300x no son útiles porque la turbulencia atmosférica pesa más que el poder de resolución adicional.

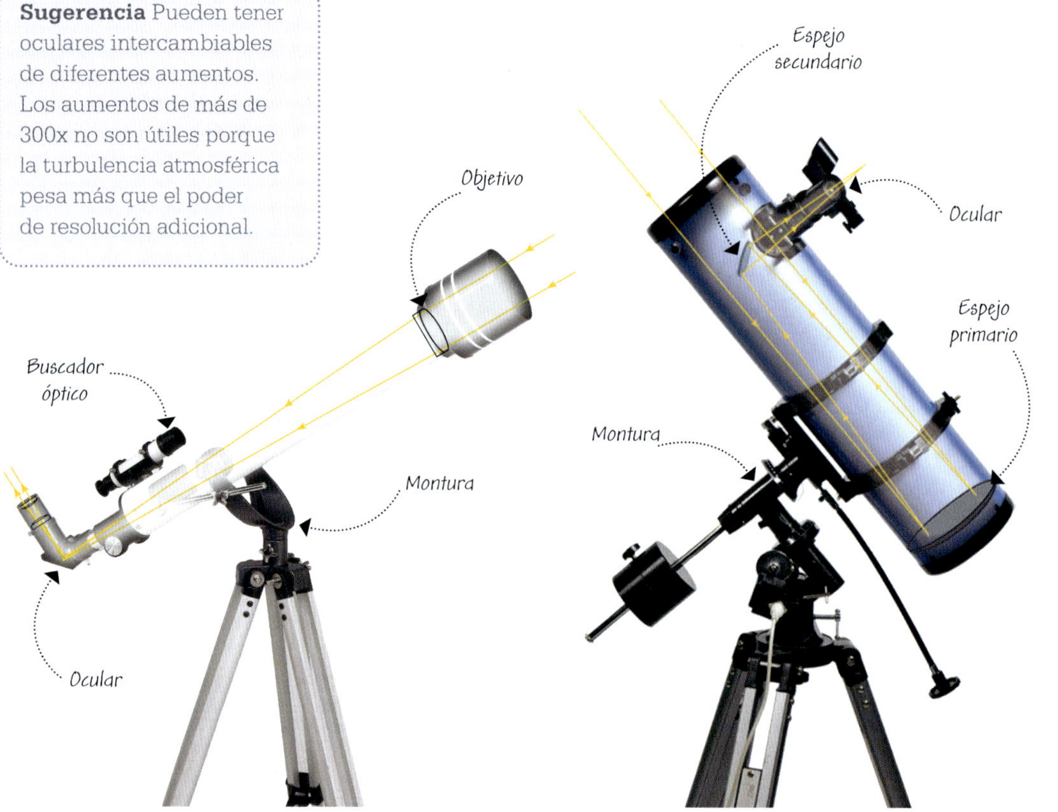

Telescopio refractor **Telescopio reflector**

Tipos de telescopio

Hay dos diseños principales: en los telescopios refractores se enfoca y se capta la luz con una lente; en los reflectores se utilizan espejos. Los reflectores tienden a ser más baratos que los refractores y más cómodos de usar, pero también son más frágiles y necesitan más mantenimiento. Un diseño más complejo, es el catadióptrico, en el que se utilizan tanto lentes como espejos; el telescopio catadióptrico es más caro que uno reflector equivalente. Dos factores a tener en cuenta al elegir su telescopio son su capacidad de captación de la luz –que depende de su abertura– y sus aumentos. La abertura (el diámetro de la lente o el espejo principales) afecta a su capacidad para ver objetos débiles; cuanto más grande sea, mejor será. Los aumentos dependen de varios componentes, entre ellos el ocular.

Monturas

No sólo soportan el telescopio sino que ayudan a realizar seguimientos de los objetos del cielo. Hay dos tipos principales: la altazimutal y la ecuatorial. La altazimutal pivota en dos direcciones, la altitud (arriba y abajo) y el azimut (paralelo al horizonte), y requiere un ajuste continuo porque en los objetos celestes cambian constantemente tanto la altitud como el azimut. La montura ecuatorial tiene en cuenta cómo los objetos cruzan el cielo y una vez ajustada (alineando a uno de los polos celestes), los objetos se rastrean girando uno de los controles de dirección.

Sugerencia Una opción atractiva pero más costosa es el telescopio motorizado y computarizado denominado "Go-to". Una vez alineado con el cielo nocturno, este telescopio puede localizar una multitud de diferentes objetos celestes y trasladarse automáticamente a ellos, sin ninguna otra ayuda del observador.

Montura altazimutal

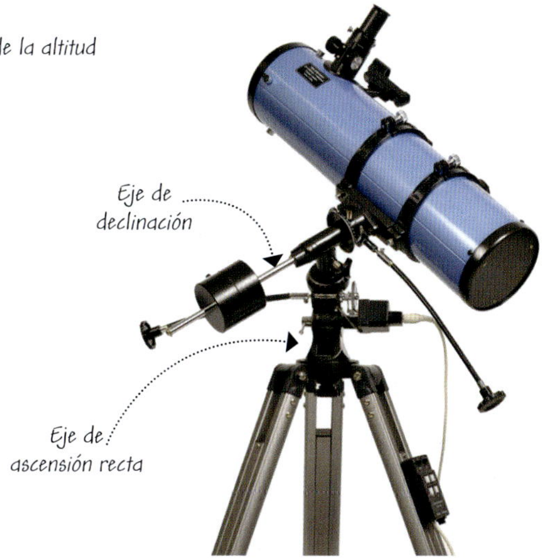

Montura ecuatorial

Buscadores

Todos los telescopios son complicados de utilizar. Su campo de vista típico es de 1°, por lo que localizar los objetos puede ser difícil. Un buscador a un lado del telescopio puede ser de gran ayuda. Hay dos tipos básicos de buscadores: los ópticos y los de punto rojo. Los ópticos tienen un campo de visión de 5-8° y se valen de un punto de mira para centrar el objetivo. Los de punto rojo proyectan un pequeño punto en una pieza de plástico transparente; en ellos es visible el cielo más amplio. Con ambos tendrá que comprobar la alineación, mirando a un objeto fijo distante a través del telescopio principal y luego a través del buscador.

Observación de **Saturno**

Saturno es bastante fácil de detectar en el cielo nocturno una vez se sabe donde mirar. Cuando está presente, siempre es visible a simple vista, pero para distinguir su famoso sistema de anillos se requiere un telescopio.

Seguimiento de Saturno

Debe buscarse en el momento de la oposición. La siguiente tabla muestra todos los meses hasta 2030 en que Saturno está en oposición, o cerca de ella. Para cada mes también se da la constelación "en" la que está el planeta en este momento, y así por ejemplo en mayo de 2015 encontrará a Saturno en Escorpio.

Para detectar Saturno, mire en el cielo del Sur (desde el hemisferio norte) o sobre su cabeza en torno a la medianoche, en el mes de que se trate; si se encuentra en el hemisferio sur, mire hacia el Norte. Saturno es brillante. Un software astronómico o una aplicación para teléfonos inteligentes ayudaran a localizar a Saturno.

Sugerencia Saturno sólo se traslada de una constelación a otra cada 2-3 años. Cuando no está en oposición, busque la constelación más cercana. Si averigua cuándo y dónde puede verla, tendría que poder detectar también Saturno.

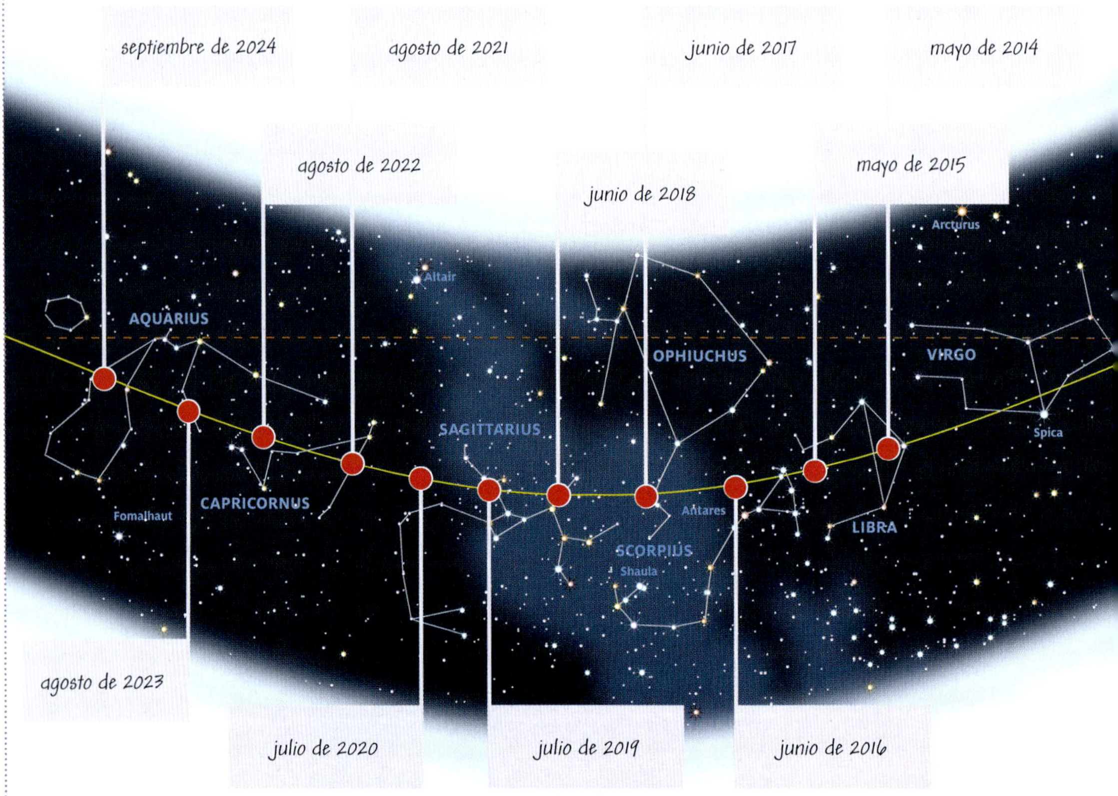

La vista desde la Tierra

Saturno tarda casi 30 años en orbitar en torno al Sol y la Tierra sólo tarda un año, por lo que adelanta a Saturno "por el interior" más o menos cada 378 días (poco más de un año). En este momento, el de la oposición, Saturno está en su punto más cercano a la Tierra y en su máximo esplendor. Saturno no es visible cuando está en el otro lado del Sol desde la Tierra (durante la conjunción), que también se produce aproximadamente cada 378 días.

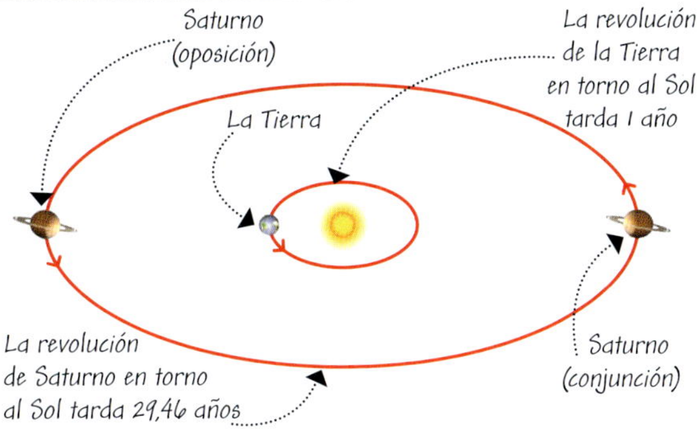

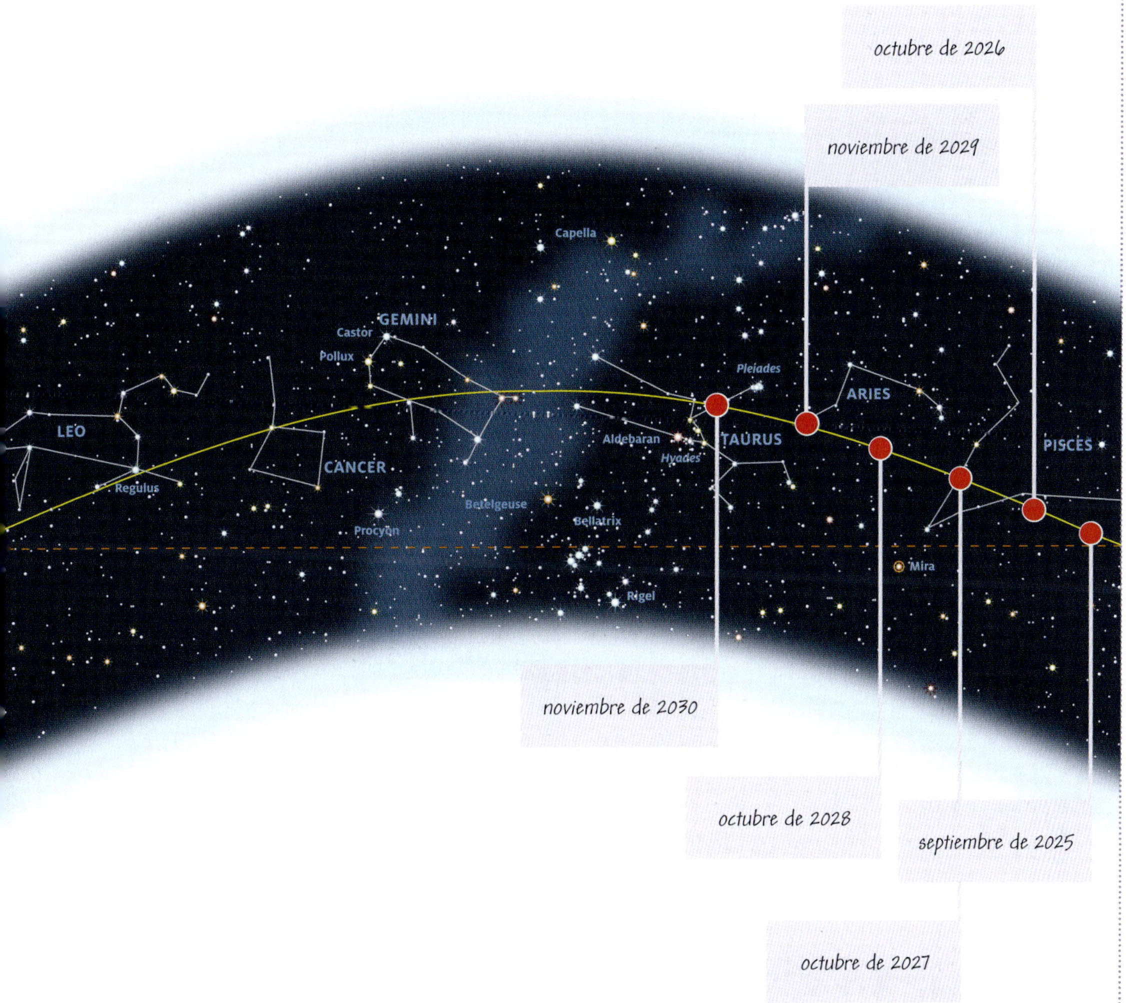

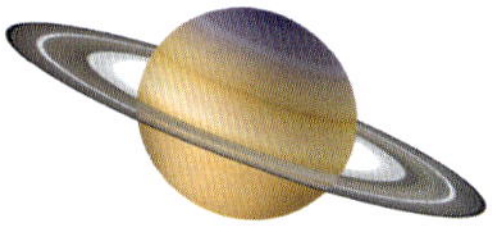

Guía rápida de **Saturno**

Es un mundo colosal que consiste casi por completo en los elementos químicos más ligeros, hidrógeno y helio. Sus anillos se componen de trozos de hielo que varían en tamaño desde el de una mota de polvo hasta el de un canto rodado grande como un coche; de enorme anchura, los anillos miden unos 20 metros de grosor. Saturno tiene muchos satélites.

Órbita

Saturno tiene una órbita marcadamente elíptica; la diferencia entre su distancia máxima al Sol y su distancia mínima es de 161,9 millones de km. Saturno se inclina bastante fuertemente a medida que gira, causando lentos cambios estacionales a medida que se mueve en torno al Sol. Debido a la inclinación axial de Saturno, también cambia continuamente la vista de sus anillos desde la Tierra.

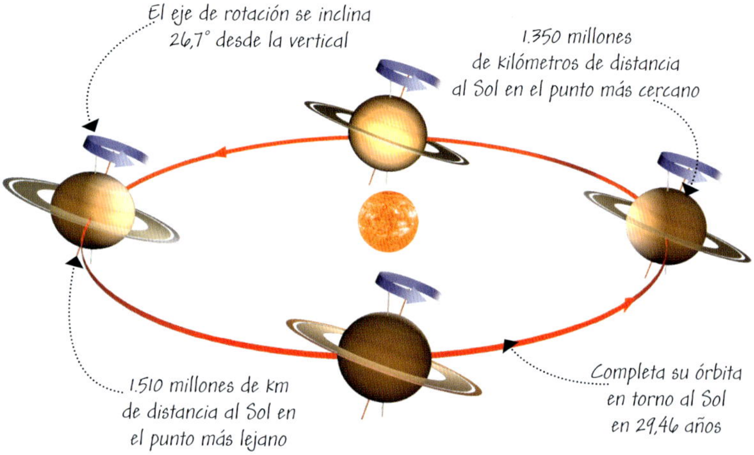

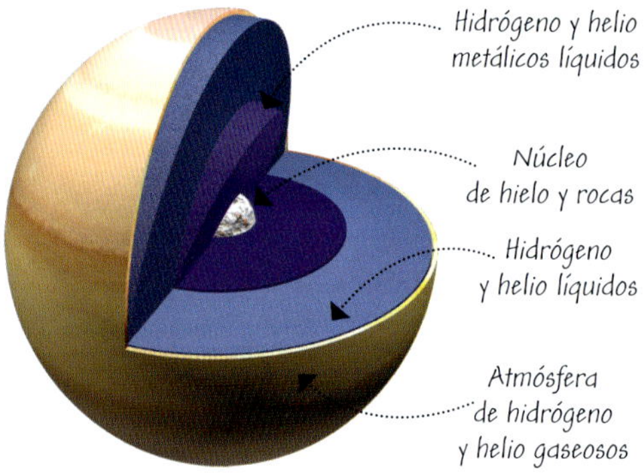

Estructura

El centro de Saturno es un denso núcleo de hielo y rocas. Alrededor hay varias capas líquidas, principalmente de hidrógeno y helio, que van dando paso gradualmente a una atmósfera de hidrógeno y helio gaseosos.

El satélite de Saturno Titán

Titán, la mayor de las muchas lunas de Saturno, es el único satélite del Sistema Solar que tiene una atmósfera densa; como la de la Tierra, contiene principalmente nitrógeno. En la superficie de Titán hay lagos de metano y etano líquidos.

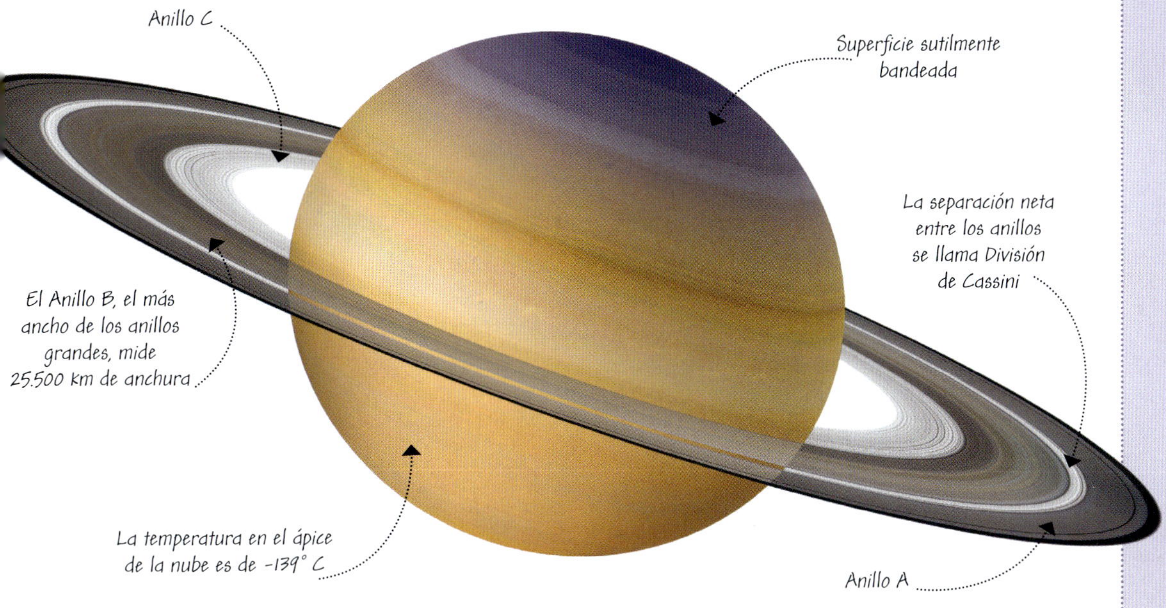

Perfil de Saturno

Saturno es el sexto planeta a partir del Sol. Con un diámetro de 120.536 km, es el segundo planeta más grande del Sistema Solar.

Distancia media al Sol
1.430 millones de km

Completa su órbita en torno al Sol en
29,46 años

Completa el giro sobre su eje en
10 horas 32 minutos

Máxima magnitud aparente
-0,49 (ver p. 51)

Distancia máxima a la Tierra
1.658,5 millones de km

Distancia mínima a la Tierra
1.195,5 millones de km

Máximo tamaño angular en el cielo
20,1 segundos de arco (ver p. 12)

Número de satélites
62 confirmados en julio de 2013

Comparación de tamaños

Observación de los **satélites galileanos de Júpiter**

Ahora que está usando un telescopio, intente echar una mirada más cercana a Júpiter; vea la p. 68 para recordar cómo se localiza este planeta en el cielo nocturno. Debería poder ver algo de su bandeado y posiblemente la Gran Mancha Roja (ver p. 71) en su superficie, así como algunas de sus lunas. Las cuatro de mayor tamaño fueron descubiertas en 1610 por el astrónomo italiano Galileo Galilei, quien observaba Júpiter con un telescopio primitivo; utilice un pequeño telescopio moderno para repetir este ejercicio "galileano".

Satélites galileanos

Júpiter tiene muchos satélites –en julio de 2013 se habían descubierto 67– pero los cuatro satélites galileanos son mucho más grandes que los demás. El descubrimiento por Galileo de Ío, Europa, Ganímedes y Calisto fue de enorme importancia científica, ya que ayudó a desmitificar la creencia de su época según la cual todo en el espacio giraba alrededor de la Tierra.

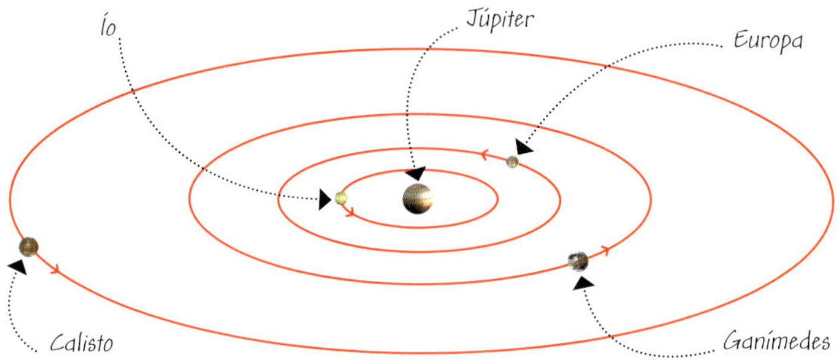

La configuración cambiante de los satélites de Júpiter

Si observa los satélites durante varias noches, verá que su configuración cambia cada noche. Galileo también observó esto y dedujo que debía ser así porque los satélites orbitan en torno a Júpiter y lo hacen con diferentes períodos orbitales. Ío, el más cercano a Júpiter, completa su órbita en unos 1,8 días, Europa en 3,6 días, Ganímedes en 7,2 días y Calisto en más de 16 días.

Movimientos de satélites
El diagrama muestra cómo sus variadas órbitas parecen afectar el orden de los satélites de Galileo en noches sucesivas. Los satélites de la sección superior son (de izquierda a derecha) Ío, Ganímedes, Europa y Calisto.

Localización de los satélites galileanos

Apunte su telescopio hacia Júpiter y busque a su alrededor cuatro pequeños puntos blancos a modo de estrellas, de más o menos los mismos tamaños y brillo en una línea bastante recta con el propio Júpiter. Son los satélites galileanos y aunque a veces están todos a un mismo lado de Júpiter, por lo general verá algunos a un lado y otros al otro, y otras, uno o dos quedarán ocultos.

Júpiter y los cuatro satélites galileanos (de izquierda a derecha): Calisto, Europa, Ío y Ganímedes

Observación de **Acuario**

Esta gran constelación zodiacal puede verse en ambos hemisferios. Contiene una serie de objetos que son buenos objetivos para un telescopio, entre ellos dos nebulosas planetarias: dos cáscaras brillantes del gas expulsado por estrellas gigantes rojas mientras éstas empiezan a morir.

Recuerde En un cielo oscuro y despejado, la Nebulosa de la Hélice es justo visible con un pequeño telescopio como un disco pálido y borroso, la mitad de ancho que la Luna llena. Dista de nosotros unos 700 años luz y se cree que es la nebulosa planetaria más cercana a la Tierra.

Acuario, el portador del agua

La figura representa a un hombre joven que vierte agua de una jarra. Una nebulosa planetaria, la Nebulosa Saturno, se halla justo debajo de una estrella situada cerca del lado izquierdo. La otra, la Nebulosa de la Hélice o Nebulosa Hélix, se sitúa al sur de la figura. Otro objeto telescópico notable es el cúmulo globular M2, situado en la zona de la cabeza.

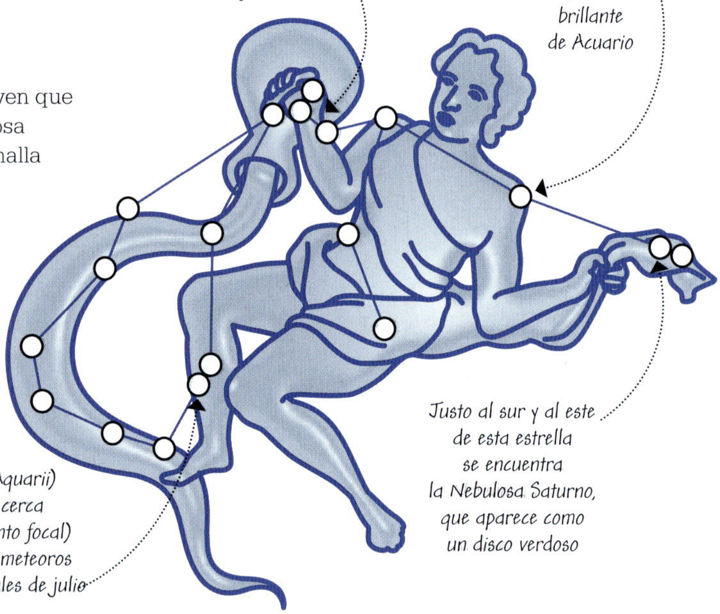

Localizadores del **hemisferio norte**

Desde las latitudes medias (en torno a los 40° N) la constelación de Acuario es visible por encima del horizonte sur en torno a medianoche en agosto y septiembre. Hacia diciembre está baja en el Suroeste a horas más tempranas de la noche.

1 junio, 3h
Mirando al Sureste

1 sep., medianoche
Mirando al Sur

1 diciembre, 21h
Mirando al Suroeste

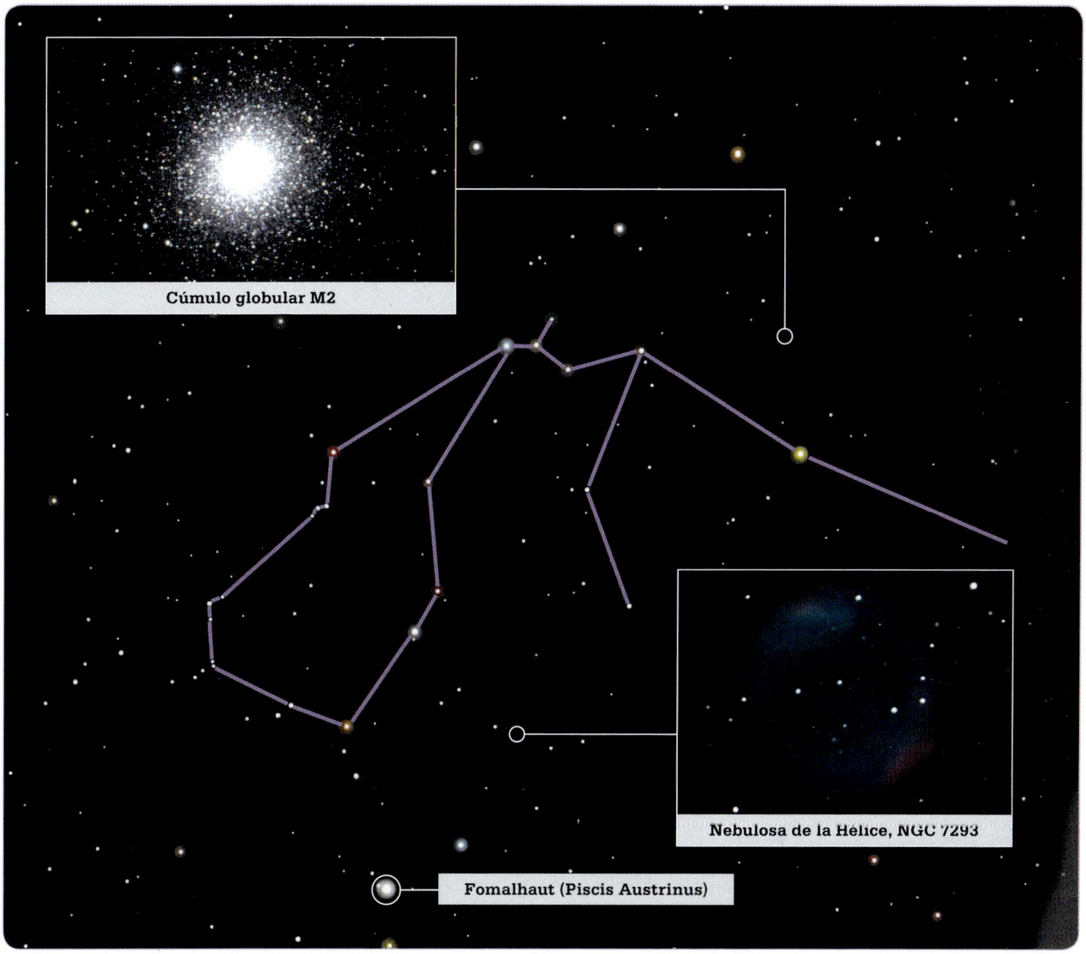

Localizadores del **hemisferio sur**

Desde las latitudes medias (en torno a los 40° S), Acuario puede verse a partir de junio en el Noreste durante la madrugada. En septiembre es visible a gran altura en el Norte a medianoche, y en diciembre en el Noroeste, al principio de la noche.

1 junio, 3h
Mirando al Noreste

1 nov., medianoche
Mirando al Norte

1 marzo, 21h
Mirando al Noroeste

Una guía rápida de las **nebulosas planetarias**

Las nebulosas planetarias poco tienen que ver con los planetas, ya que son nubes de gas pequeñas y típicamente bastante esféricas que se sitúan en el espacio profundo, aunque pueden verse un poco como planetas cuando se las ve a través de un telescopio pequeño. A menudo de aspecto bastante fantasmal, se forman cuando estrellas similares al Sol llegan a una etapa de su ciclo de vida en la que pierden sus capas externas.

Formación de una nebulosa planetaria

Cuando una estrella de masa similar al Sol consume todo el combustible que necesita para crear energía, se hincha y se transforma en una gigante roja. La gigante roja acaba expulsando la mayor parte de su material como un halo de gas: una nebulosa planetaria. El resto se derrumba para formar una estrella densa y caliente llamada enana blanca.

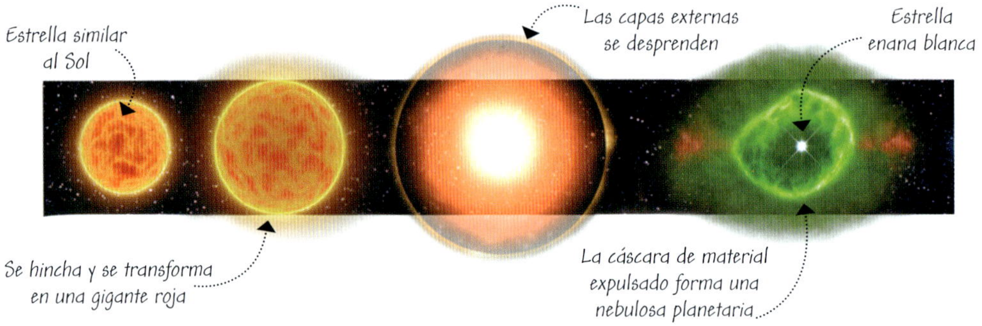

Nebulosa Ojo de Gato

Situada en la constelación de Draco, es relativamente brillante y visible con un telescopio pequeño. Los grandes revelan su compleja estructura de elementos a modo de arcos y de burbujas, y la estrella enana blanca central.

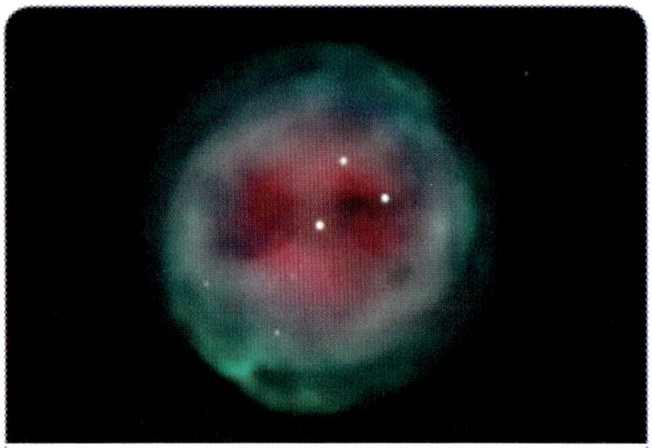

Nebulosa del Búho

También llamada M97, esta nebulosa es un objeto tenue de la constelación de la Osa Mayor, cerca de la estrella Merak (ver p.166). Con un gran telescopio se disciernen en la nebulosa las manchas oscuras que parecen los ojos de un búho.

Nebulosa Kronberger 61 (en Cygnus)

Observación de **Vela**

La constelación austral de Vela se sitúa en parte en la Vía Láctea y contiene varios objetos excelentes para ver con telescopio. Entre ellos están la Nebulosa del Anillo del Sur o Nebulosa de los Ocho Estallidos, un cúmulo globular y un cúmulo abierto, así como Regor, una brillante estrella binaria con estrellas compañeras adicionales más tenues.

Vela, la Vela

La figura de la constelación representa la vela que formaba parte de la constelación más grande Argo Navis (ver Carina, en la p. 124). Los objetos de Vela recomendados para ver con telescopio todos cerca del contorno de la vela. La Nebulosa del Anillo del Sur aparece como un disco ovalado y pálido con una diminuta estrella enana blanca en su centro.

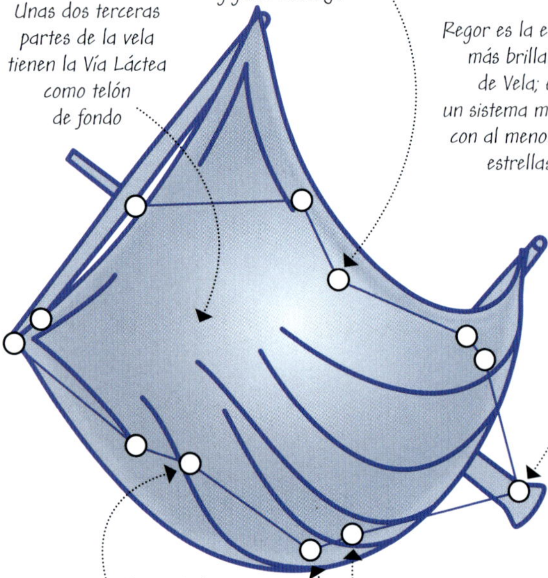

Recuerde Dos de las estrellas de Vela –Kappa Velorum y Delta Velorum– forman parte del asterismo de la Falsa Cruz, que quizás había explorado ya en un ejercicio anterior de "salto de estrellas" (ver p. 49). Ésta es una excelente manera de encontrar Vela en el cielo nocturno austral.

Cúmulo globular NGC 3201

Este cúmulo estelar tiene unos 10 mil millones de años. Se encuentra a 16.300 años luz de distancia y contiene cientos de miles de estrellas. Algunas pueden verse individualmente con un telescopio. Muchas son gigantes rojas, lo que da al cúmulo una tonalidad anaranjada.

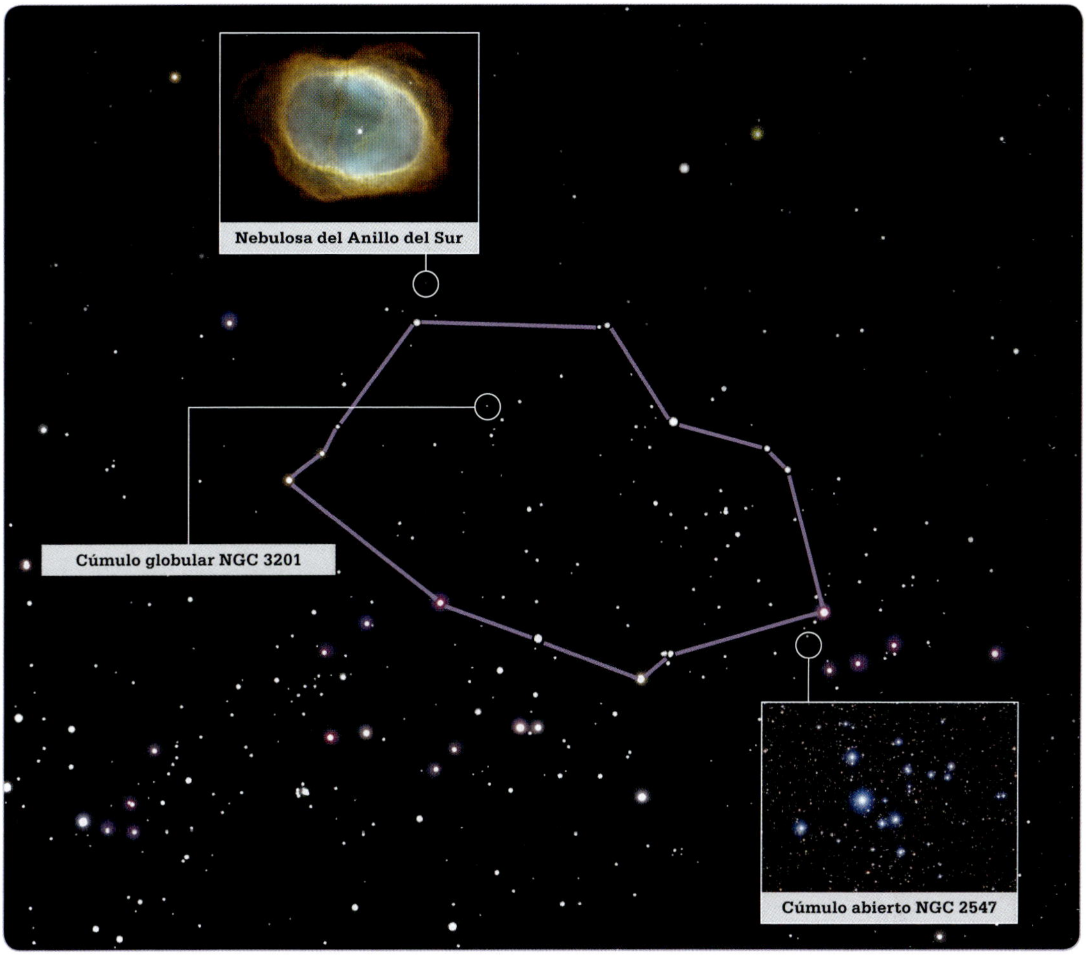

Localizadores del **hemisferio sur**

Desde las latitudes medias (en torno a los 40° S) Vela es visible cada mes del año durante parte de la noche. Mírela desde enero hasta marzo, cuando está alta en el Sur o casi sobre su cabeza a medianoche, o bien desde abril hasta julio en el cielo vespertino del Suroeste.

1 octubre, 2h
Mirando al Sureste

1 febrero medianoche
Mirando arriba al Sur

1 junio, 22h
Mirando al Suroeste

Observar **el Sol** de un modo seguro

Además de todos los objetos que se pueden observar en la noche, el elemento central de nuestro Sistema Solar –el Sol– puede ser fascinante de estudiar, pero deberá ser muy estricto con la seguridad cuando lo observe. No mire nunca al Sol a simple vista ni con cualquier instrumento óptico sin usar filtros especiales.

Técnicas de proyección

El método más seguro para observar el Sol es proyectar su imagen en una cartulina blanca. Dirija los rayos del Sol a través del ocular de un telescopio o de uno de los lados de un par de prismáticos. El método de proyección es adecuado para observar fenómenos tales como las manchas solares y los eclipses solares; dado que usted no mira directamente al Sol, no hay posibilidad de que la luz o cualquier otro tipo de radiación incida en sus ojos, lo que podría causarle daños graves o incluso ceguera. Quizá tenga que experimentar un poco para obtener una imagen claramente enfocada en la cartulina. Coloque la cartulina a unos 50 cm del telescopio o de los prismáticos. Cuanto más lejos esté del ocular, mayor será la imagen, aunque más débil.

Recuerde Cuando proyecte el Sol, vaya con cuidado de no poner la mano ni nada inflamable cerca del ocular del telescopio o de los binoculares, ya que la luz solar concentrada puede causar una quemadura o encender algo. No deje nunca un telescopio solar –o un telescopio con un filtro añadido– desatendido, especialmente si hay niños presentes.

A través del telescopio

Tape la lente principal y el buscador. Para apuntar hacia el Sol gire el telescopio hasta encontrar la posición en la que proyecta la sombra más corta. Destape la lente principal y ajuste el ocular para enfocar la imagen en la cartulina.

A través de los prismáticos

Cubra uno de los objetivos de los prismáticos para que la luz del Sol sólo pueda pasar a través del otro lado. Utilice el objetivo para dirigir la imagen del Sol sobre la cartulina. Ajuste la cartulina de visualización hasta que la imagen esté bien enfocada.

Filtros solares y telescopios

Una alternativa es adaptar un filtro solar a un telescopio ordinario. Siga siempre las instrucciones del fabricante y utilice filtros añadidos únicamente con los telescopios para los que fueron concebidos. Antes de su uso, sostenga el filtro con los brazos en alto y compruebe que no haya puntos de luz que penetren por algún rasguño de su superficie. Si descubre algún defecto, descarte el filtro. Asegúrese de que el filtro encaja perfectamente sobre el telescopio y que no pueda salirse de su posición. Tape o quite el buscador y luego apunte hacia el Sol utilizando el "método de la sombra más corta". Los telescopios solares diseñados especialmente llevan filtros incorporados.

Fenómenos a observar

Fenómenos que pueden observarse en o alrededor del Sol usando métodos de proyección o filtros:

Eclipses solares – ver pp. 90-91.

Manchas solares – son las regiones más oscuras y más frías de la superficie del Sol, debidas a alteraciones en el campo magnético del Sol.

Fáculas – las regiones más brillantes y más activas de la superficie del Sol.

Prominencias solares – enormes bucles de materias solares que se extienden por la atmósfera del Sol.

Eyecciones de masa coronal – enormes trozos de materias del Sol que se han desprendido de él y se dirigen hacia el espacio.

Tránsitos de Mercurio – se producen cuando Mercurio pasa por la cara del Sol. Los próximos tránsitos el 9 de mayo de 2016 y el 11 de nov. de 2019.

Guía rápida **del Sol**

El Sol, nuestra estrella local, es una bola incandescente de plasma (gas ionizado) extremadamente caliente que contiene 750 veces la masa de todos los planetas combinados del Sistema Solar. En el centro se producen grandes cantidades de energía que se escapan de su superficie en forma de calor, luz y otras formas de radiación, tales como rayos ultravioleta.

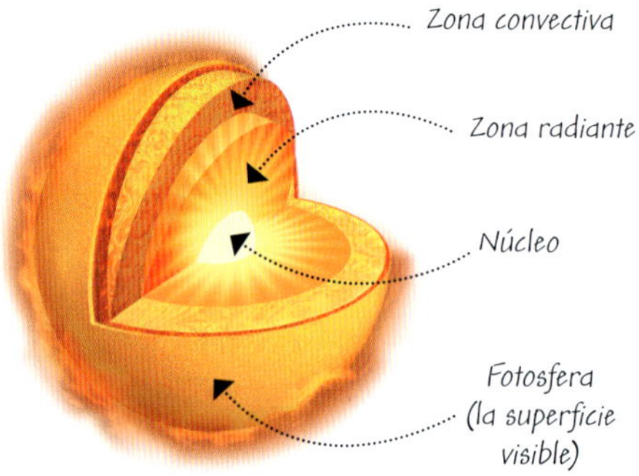

Estructura

El Sol tiene un núcleo extremadamente caliente donde la energía se produce por fusión nuclear. En torno a éste hay una zona donde la energía irradia hacia el exterior y a continuación una zona convectiva donde burbujas de gas caliente ascienden hasta la superficie.

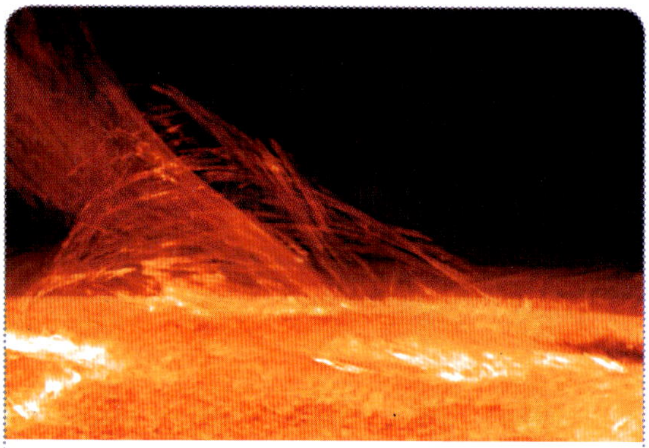

Características de la superficie

Se dan varios tipos de perturbaciones; entre ellas explosiones violentas denominadas erupciones solares, chorros de gas caliente o bucles de plasma que salen disparados o van a la deriva por la atmósfera del Sol y terremotos solares.

Ciclo de las manchas solares

Las manchas solares son regiones oscuras y relativamente frías que aparecen allí donde el gas caliente no puede alcanzar la superficie del Sol. Emergen en bandas a uno y otro lado del ecuador del Sol. El número y el patrón de las manchas varían durante ciclos de unos 11 años. En cada ciclo, las bandas donde las manchas aparecen gradualmente van migrando hacia el ecuador. Durante los denominados máximos solares, cuando hay muchas manchas concentradas cerca del ecuador, se producen otros tipos de perturbaciones superficiales. Algunas de éstas liberan al espacio grandes cantidades de energía y de materia cargada eléctricamente.

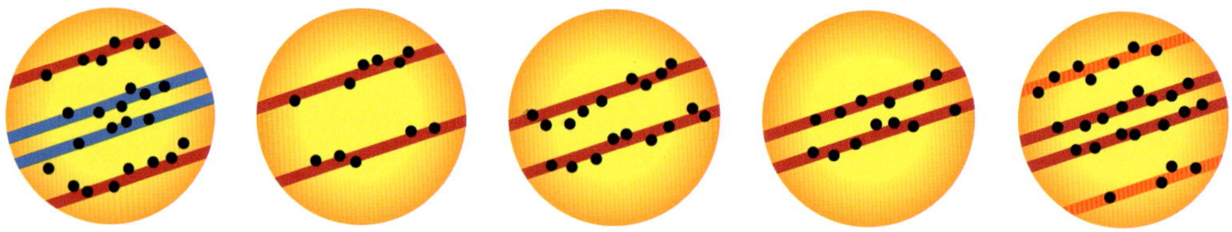

Año 1 **Año 4** **Año 7** **Año 10** **Año 12**

Perfil del Sol

Con un diámetro de 1,4 millones de km y una masa 330.000 veces superior a la de la Tierra, el Sol es una estrella amarilla estable de tamaño medio.

Distancia al centro de la Vía Láctea
Unos 27.000 años luz

Completa su órbita en torno al centro de la galaxia en
225–250 millones de años

Completa el giro sobre su eje en
25 días (región ecuatorial)
34 días (región polar)

Máxima magnitud aparente
-26,7 (ver p. 51)

Distancia mínima a la Tierra
147.166.000 km

Máximo tamaño angular en el cielo
32,7 minutos de arco (ver p. 12)

Edad
4.600 millones de años

Número de planetas
8

Comparación de tamaños

Observación de **Virgo**

Lo que a la gran constelación zodiacal de Virgo le falta en cúmulos estelares brillantes y nebulosas lo compensa por el número de las galaxias que contiene, y algunas de ellas pueden verse con un telescopio pequeño. Virgo está atravesada por el ecuador celeste y puede verse igual de bien desde ambos hemisferios.

Recuerde Virgo se observa más fácilmente durante los meses de marzo, abril y mayo. Es difícil o imposible ver la constelación en septiembre y octubre porque está demasiado cerca del Sol.

Virgo, la Virgen

La figura de la constelación representa una diosa virginal, identificada por algunos como Deméter. En un área limitada de la constelación –se halla a 50 millones de años luz años de nosotros, pero aún así vale la pena mirarla con el telescopio- se encuentra el cúmulo de galaxias de Virgo. Entre los detalles destacados de otras regiones de esta constelación se incluyen la galaxia espiral del Sombrero (así llamada por su parecido con un sombrero mexicano) y la estrella binaria Porrima.

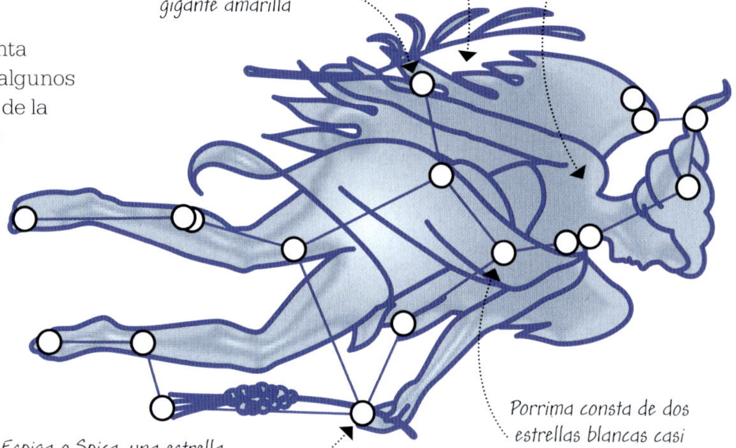

Localizadores del **hemisferio norte**

Desde las latitudes medias (en torno a los 40° N) la constelación se torna visible a partir de alrededor de principios de enero en el cielo del Sureste, pero sólo de madrugada. En abril Virgo destaca en el cielo del Sur en torno a medianoche.

1 enero, 3h
Mirando al Sureste

1 abril, medianoche
Mirando al Sur

1 julio, 21h
Mirando al Suroeste

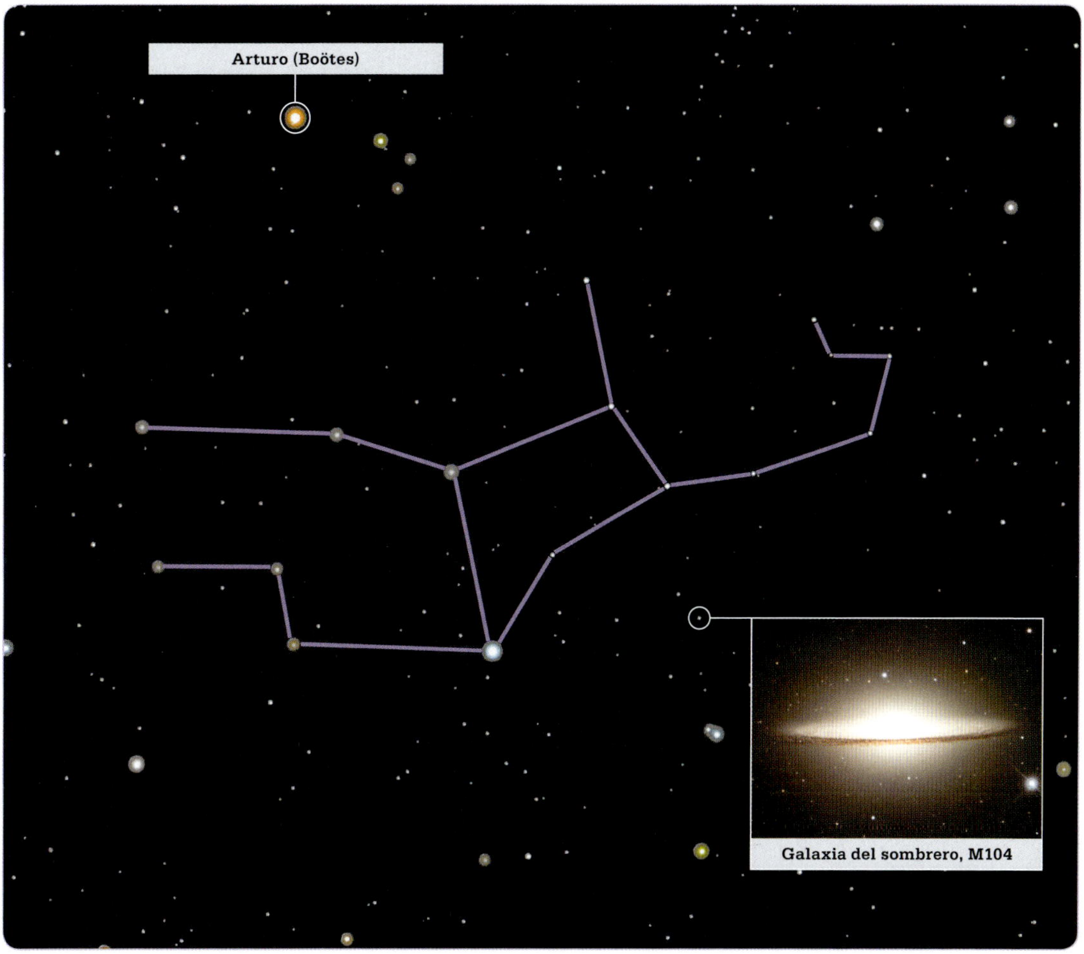

Galaxia del sombrero, M104

Localizadores del **hemisferio sur**

Desde las latitudes medias (en torno a los 40° S) Virgo es visible en el cielo del Nordeste durante las madrugadas de enero, o en el del Norte en torno a medianoche en marzo y abril. Hacia julio la constelación se ve en el Noroeste a horas más tempranas de la noche.

1 enero, 3h
Mirando al Noreste

1 abril, medianoche
Mirando al Norte

1 julio, 21h
Mirando al Noroeste

Observación de la **Osa Mayor**

Es una gran constelación del norte. Se conocen sus estrellas más brillantes, las del asterismo El Carro (o el Cazo) que son un indicador para encontrar varias estrellas y constelaciones (ver pp. 46-47). Dentro de las fronteras de esta constelación se encuentran algunas galaxias cercanas que pueden visualizarse con un telescopio de aficionado.

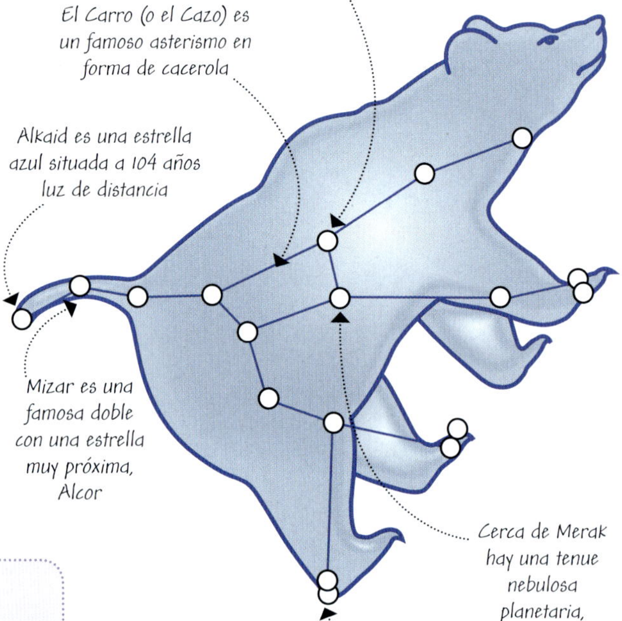

La figura de la Osa Mayor

Es un oso que camina por el cielo del Norte. Dirija su telescopio hacia la Galaxia del Molinete, situada cerca del mango del Cazo, y la Galaxia de Bode, más cercana al polo norte celeste. También vale la pena ver dos estrellas que están muy cerca una de otra en el mango del Cazo, Mizar y Alcor.

Recuerde La Galaxia de Bode es uno de los mejores objetos de la Osa Mayor para ver con telescopio. Se encuentra en la región de la cabeza del oso. A un diámetro de la Luna de distancia de la de Bode se encuentra otra galaxia que se apoya sobre su canto, la Galaxia del Cigarro.

Localizadores del **hemisferio norte**

Desde las latitudes medias (en torno a los 40° N) La Osa Mayor es visible por entero en algún momento de la noche durante todo el año. El verano es una buena estación para verla, cuando destaca en el Noroeste antes de la medianoche.

1 diciembre a las 3h
Mirando al Noreste

1 abril a medianoche
Mirando arriba al Norte

1 agosto a las 21h
Mirando al Noroeste

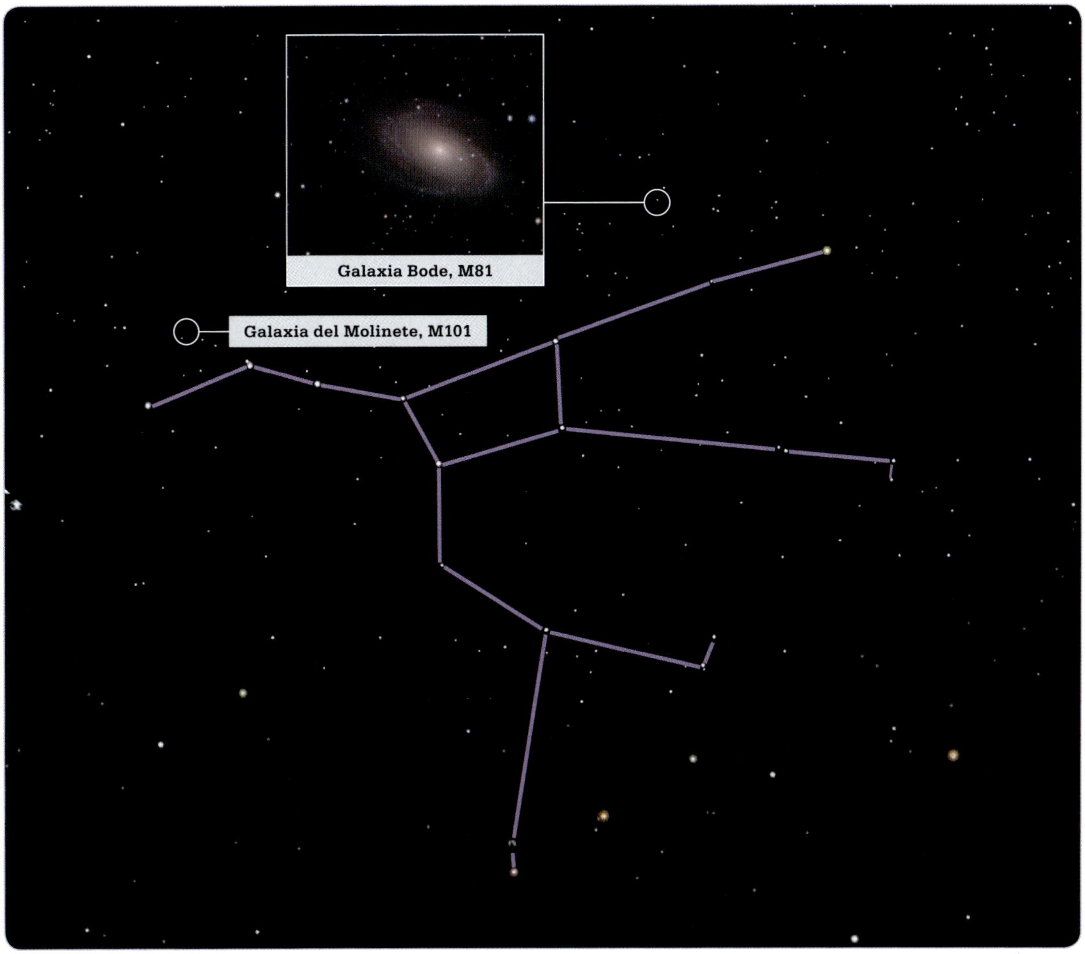

Galaxia del Molinete, M101

Situada a unos 21 millones de años luz de distancia, la Galaxia del Molinete (M101) forma el vértice de un triángulo junto con Mizar y Alkaid. Está situada de cara a la Tierra y con un telescopio pequeño es apenas visible; un instrumento de mayor tamaño revelará los brazos espirales.

Observación de **Hidra**

La gran constelación de Hidra culebrea y ocupa más de una cuarta parte de la amplitud del cielo. Con un telescopio pueden descubrirse varios tipos diferentes de objetos en esta constelación, incluidos una nebulosa planetaria, una galaxia espiral y un cúmulo estelar abierto.

Recuerde Uno de los objetos más hermosos para visualizar es el cúmulo estelar M48, una colección laxa de al menos 80 estrellas que ocupan un área más grande que la Luna llena. Estas estrellas son de color azul, excepto algunas amarillas entremezcladas.

Hidra, la serpiente acuática

Hidra representa el monstruo al que mató Hércules en el segundo de sus trabajos. En el cielo consiste en un pequeño grupo de estrellas que representan la cabeza de la serpiente y una docena más de estrellas que se abren camino al sur de las constelaciones Leo y Virgo. Los principales detalles de interés para la observación telescópica se hallan debajo de la cabeza, de la cola y del vientre de la serpiente.

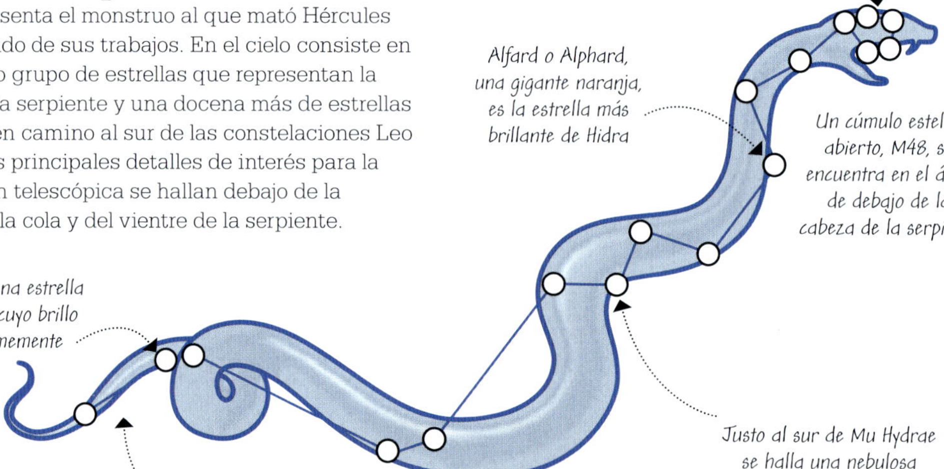

Localizadores del **hemisferio norte**

Hidra es tan grande que visualizar la totalidad de la constelación de una sola vez es difícil. Para observadores situados en latitudes medias (en torno a los 40° N), sin embargo, puede verse en torno a la medianoche a principios de primavera, mirando de Sur a Oeste.

1 de abril a medianoche

Mirando hacia el Sur — hacia el Suroeste — hacia el Oeste

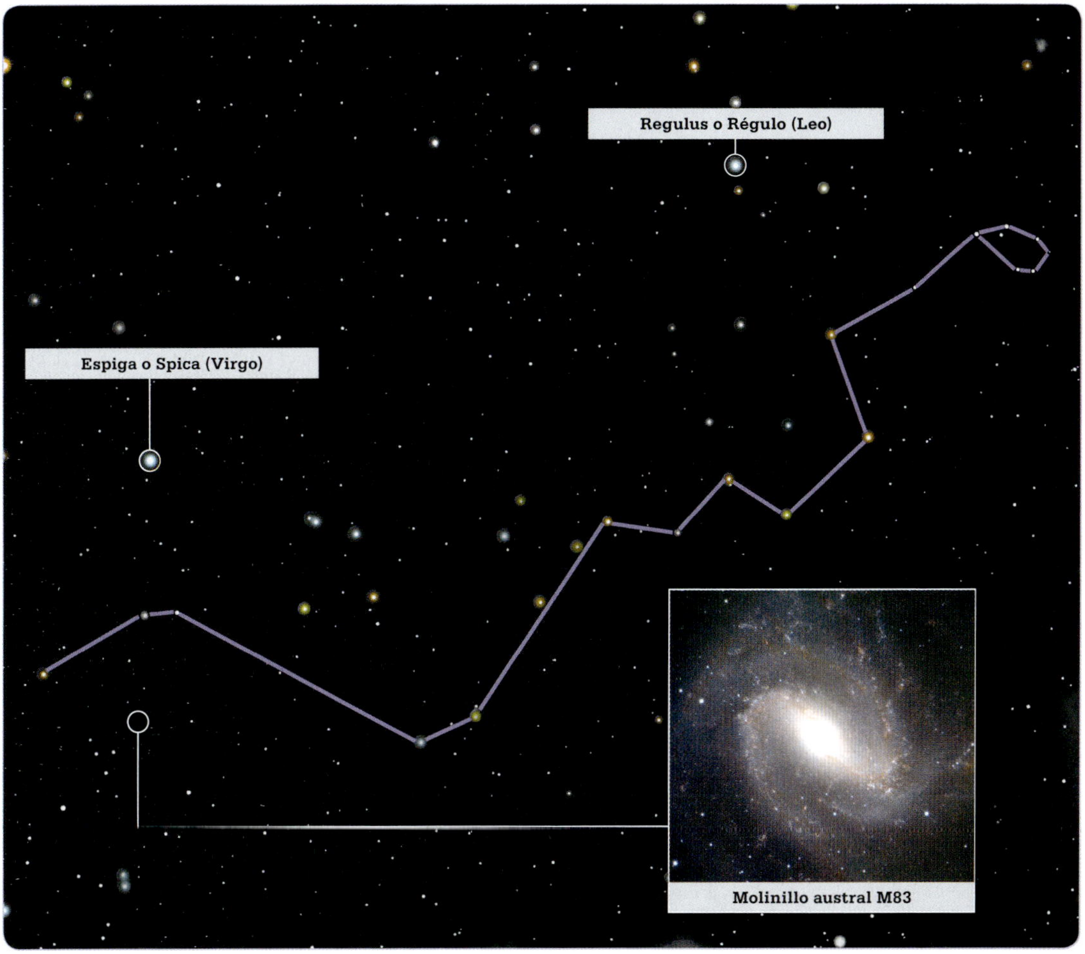

Localizadores del **hemisferio sur**

Desde las latitudes medias (en torno a los 40° S) debería ser posible ver entera la constelación de Hidra en torno a las 22h a mediados de febrero, mirando en un área de cielo que se extiende desde el Norte hasta el horizonte Sureste.

15 de febrero a las 22h

Mirando hacia el Norte   hacia el Noreste   hacia el Este   hacia el Sureste

Observación de un **resto de supernova**

Con su telescopio debería poder observar los restos de una gigantesca explosión en el espacio, vista por primera vez en la Tierra hace casi 1.000 años. La Nebulosa del Cangrejo en Tauro es un ejemplo de "resto o remanente de supernova".

Localizar la Nebulosa del Cangrejo

El mejor momento para observar la Nebulosa del Cangrejo desde ambos hemisferios es a primeras horas de la noche desde diciembre hasta marzo. Primero localice Tauro, utilizando únicamente sus ojos (ver pp.100-101 para recordar cómo se localiza esta constelación). A continuación y también a simple vista, localice las dos estrellas brillantes en las puntas de los "cuernos" del toro. La que a usted le interesa es la estrella de la punta del cuerno derecho del toro, denominada Zeta Tauri. Dirija su telescopio hacia esta estrella; en la región que la rodea debería detectar una pequeña mancha ovalada en el cielo, con una forma que recuerda el caparazón de un cangrejo.

Tauro desde el hemisferio norte

Tauro desde el hemisferio sur

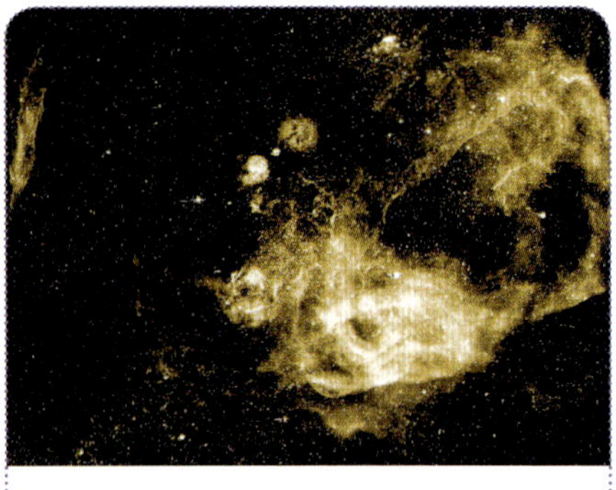

Restos en Vela

Otros restos de supernovas salpican el cielo. Éstos, visibles en el cielo austral tan sólo con un telescopio de gran alcance, son los restos de una estrella que explotó hace unos 12.000 años.

Una nube de escombros

La Nebulosa del Cangrejo está formada por los restos de una estrella que explotó hace unos 7.500 años. Dado que la estrella estaba a 6.500 años luz de distancia, la explosión no fue vista en la Tierra hasta 1054, cuando los astrónomos chinos observaron una nueva "estrella" brillante. Los restos todavía se están expandiendo a un ritmo de unos 1.500 km por segundo y la nube tiene ahora 11 años luz de anchura. En su centro hay un extraño objeto llamado púlsar: una estrella extremadamente densa (una estrella de neutrones) que gira rápidamente y emite poderosos pulsos de radiación, entre ellos de rayos X y de ondas de radio.

Nebulosa del Cangrejo M1 a través del Telescopio Hubble

Una guía rápida de las **supernovas**

La supernova es la explosión extremadamente violenta que sufre una estrella muy masiva al final de su vida. Esta explosión emite una gran cantidad de radiaciones y una nueva luz brillante permanece en el cielo durante semanas o meses. Las supernovas son raras en nuestra propia galaxia: la última bien patente se observó en 1604.

Cómo se desarrollan las supernovas

Cuando las estrellas de masa elevada que son al menos 8 veces más masivas que el Sol se quedan sin combustible, se dilatan y se transforman en estrellas supergigantes. Finalmente estas supergigantes explotan como supernovas y –dependiendo de su masa origina– terminan bien como estrellas de neutrones ultra-densas o bien como agujeros negros.

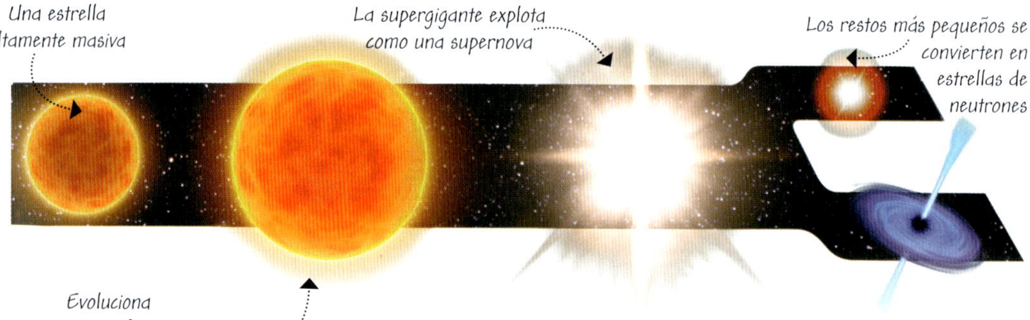

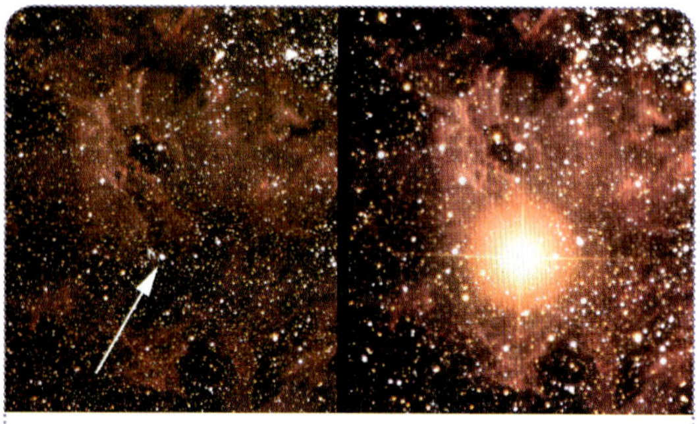

La aparición de una supernova

La más reciente visible a simple vista apareció en 1987, en una nebulosa exterior a nuestra galaxia. Las imágenes anteriores muestran cómo se veía la nebulosa antes (izquierda) y después (derecha) de que se tornara visible.

Resto de supernova Tycho

La pequeña nube roja de la parte superior izquierda es el remanente de una supernova que se vio por primera vez en la Tierra en 1572. El astrónomo Tycho Brahe advirtió que la supernova era tan brillante que podía verse.

Resto de supernova Cassiopeia A

La nave espacial Cassini ve la Tierra desde Saturno en julio de 2013 desde una distancia de 1.500 millones de kilómetros

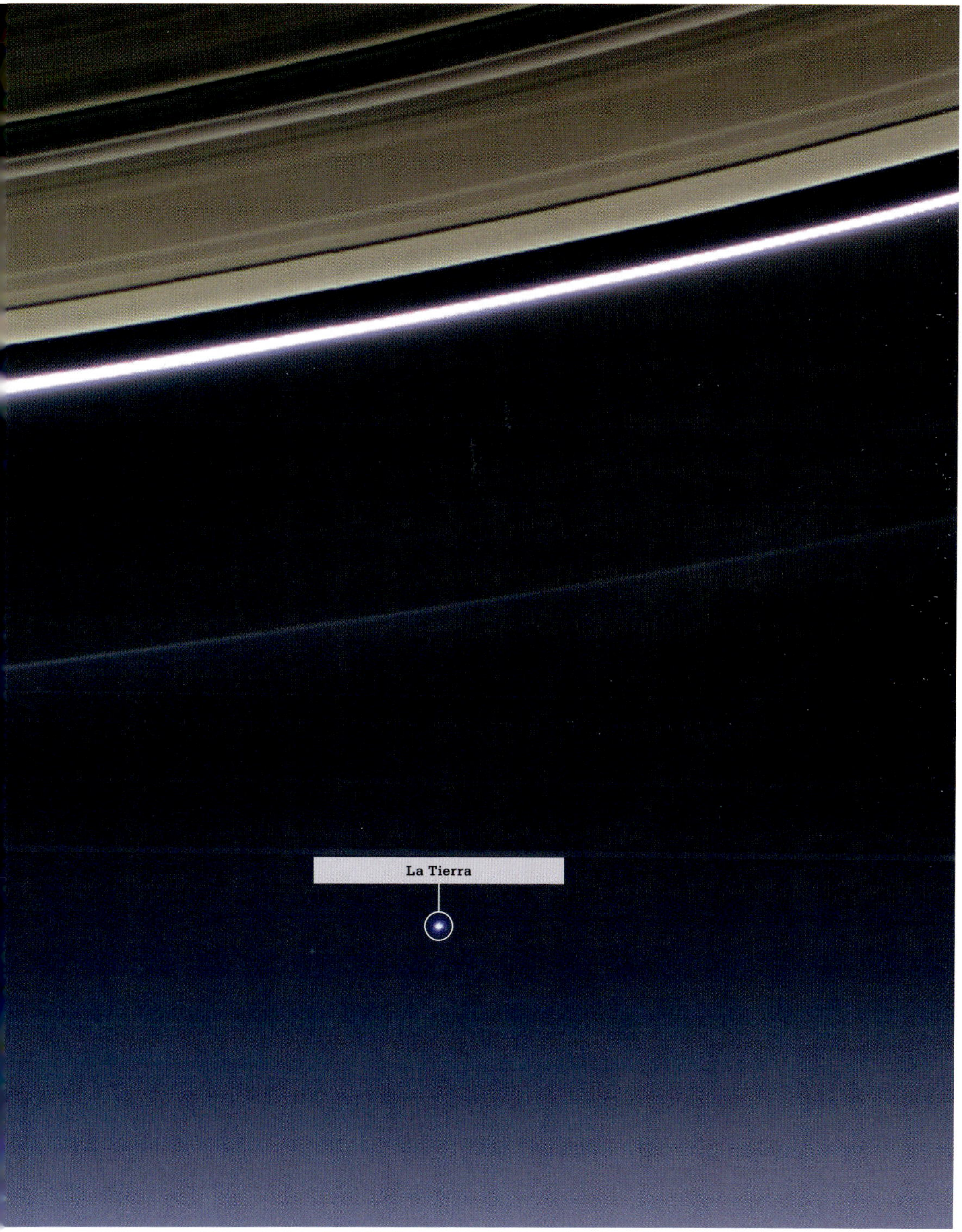
La Tierra

Cielo polar septentrional

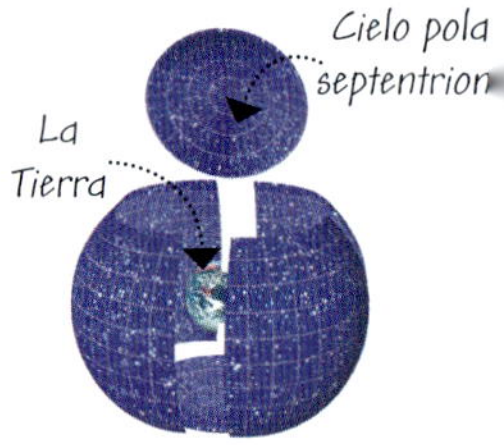

Esta región de la esfera celeste tiene como centro el polo norte celeste, que se sitúa cerca de la destacada Estrella Polar. Desde Europa y América del Norte, gran parte de esta zona del cielo está siempre por encima del horizonte. Pero desde países situados en latitudes medias del hemisferio sur -tales como Australia o Argentina- la mayor parte de esta región del cielo queda permanentemente oculta.

Qué hay que buscar
Entre los objetos más destacados figuran la constelación de Casiopea, el asterismo del Carro (ambos son visibles a simple vista), los cúmulos estelares de Perseo (con los prismáticos) y la Galaxia del Molinete.

Como la Tierra gira, el cielo polar septentrional parece girar en sentido antihorario alrededor del polo norte celeste

Clave del mapa estelar

Magnitudes

-1 0 1 2 3 4 5 6

Estrellas dobles

Estrellas variables

Cúmulo abierto

Cúmulo globular

Nebulosa brillante

Galaxia

Resto de supernova

Nebulosa planetaria

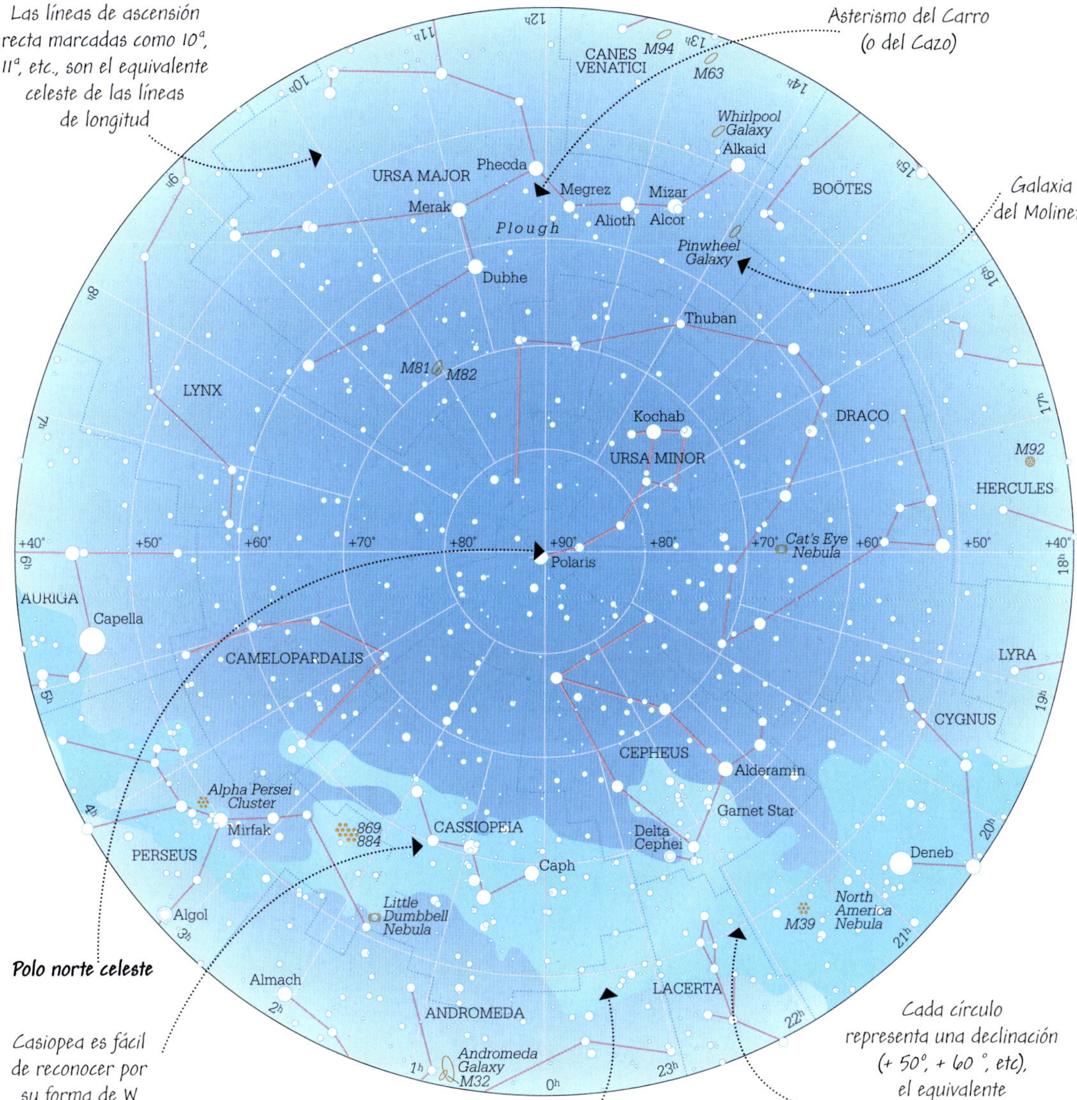

Cielo polar austral

Esta región de la esfera celeste tiene como centro el polo sur celeste, que está situado en una zona bastante vacía de cielo. Desde zonas tales como Australia, Nueva Zelanda y el sur de Chile, gran parte de esta región del cielo está siempre por encima del horizonte. Pero desde los países de las latitudes medias del hemisferio norte, la mayor parte de esta región del cielo queda permanentemente oculta..

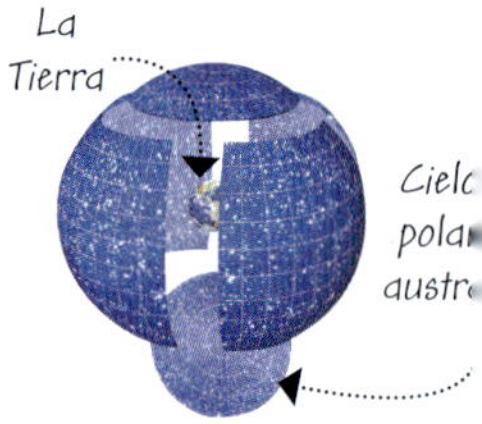

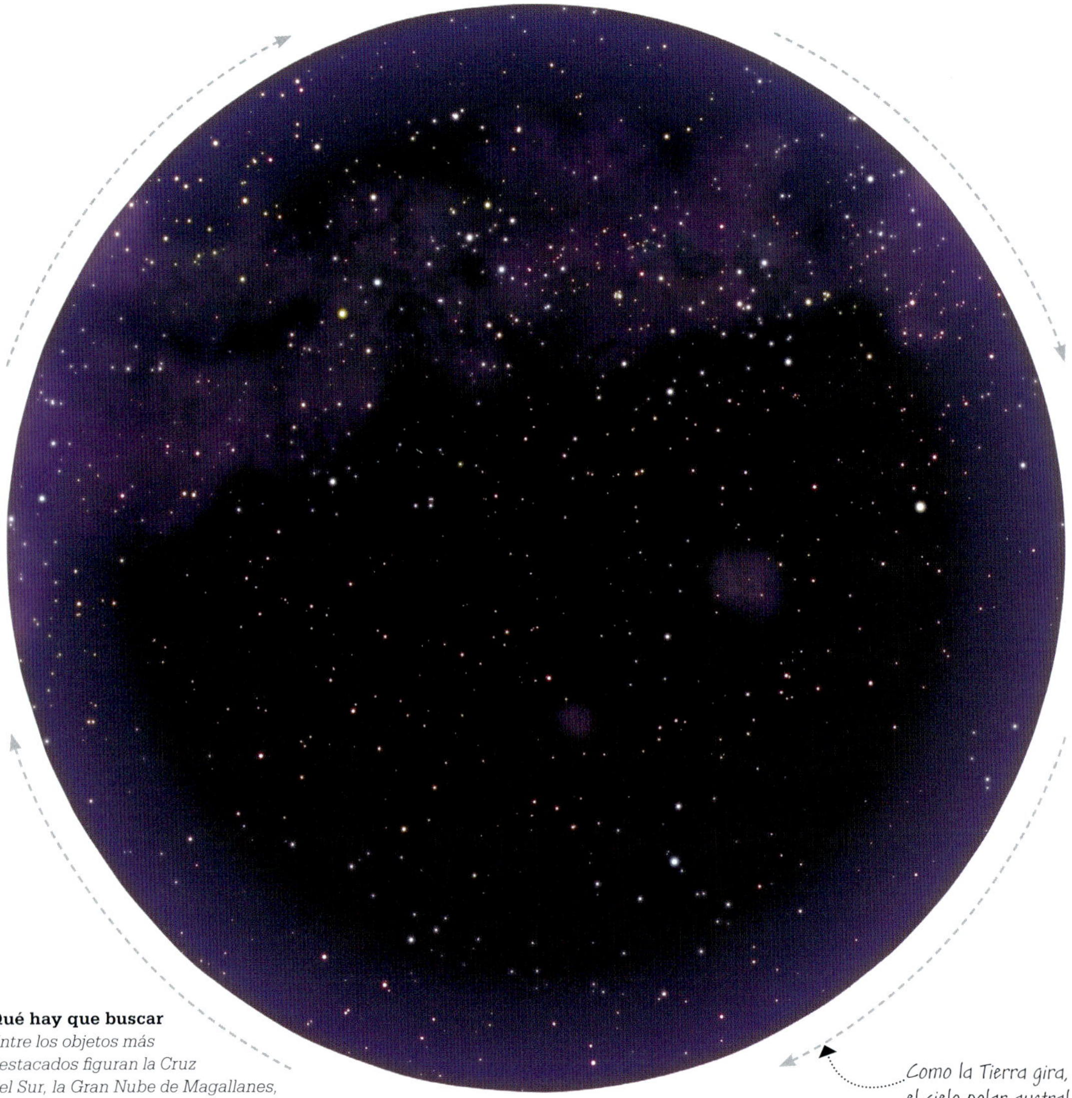

Qué hay que buscar
Entre los objetos más destacados figuran la Cruz del Sur, la Gran Nube de Magallanes, una galaxia irregular cercana, las brillantes estrellas Canopus y Alfa Centauri y (con prismáticos) el cúmulo globular Omega Centauri.

Como la Tierra gira, el cielo polar austral parece girar en sentido antihorario alrededor del polo sur celeste

Clave del mapa estelar

Magnitudes

-1 0 1 2 3 4 5 6

Estrellas dobles · Cúmulo abierto · Nebulosa brillante · Resto de supernova

Estrellas variables · Cúmulo globular · Galaxia · Nebulosa planetaria

Omega Centauri

Alfa Centauri, una estrella múltiple, es la tercera estrella más brillante en el cielo nocturno

Crux (la Cruz del Sur) es una centelleante constelación austral

La Vía Láctea viene indicada como una zona más pálida

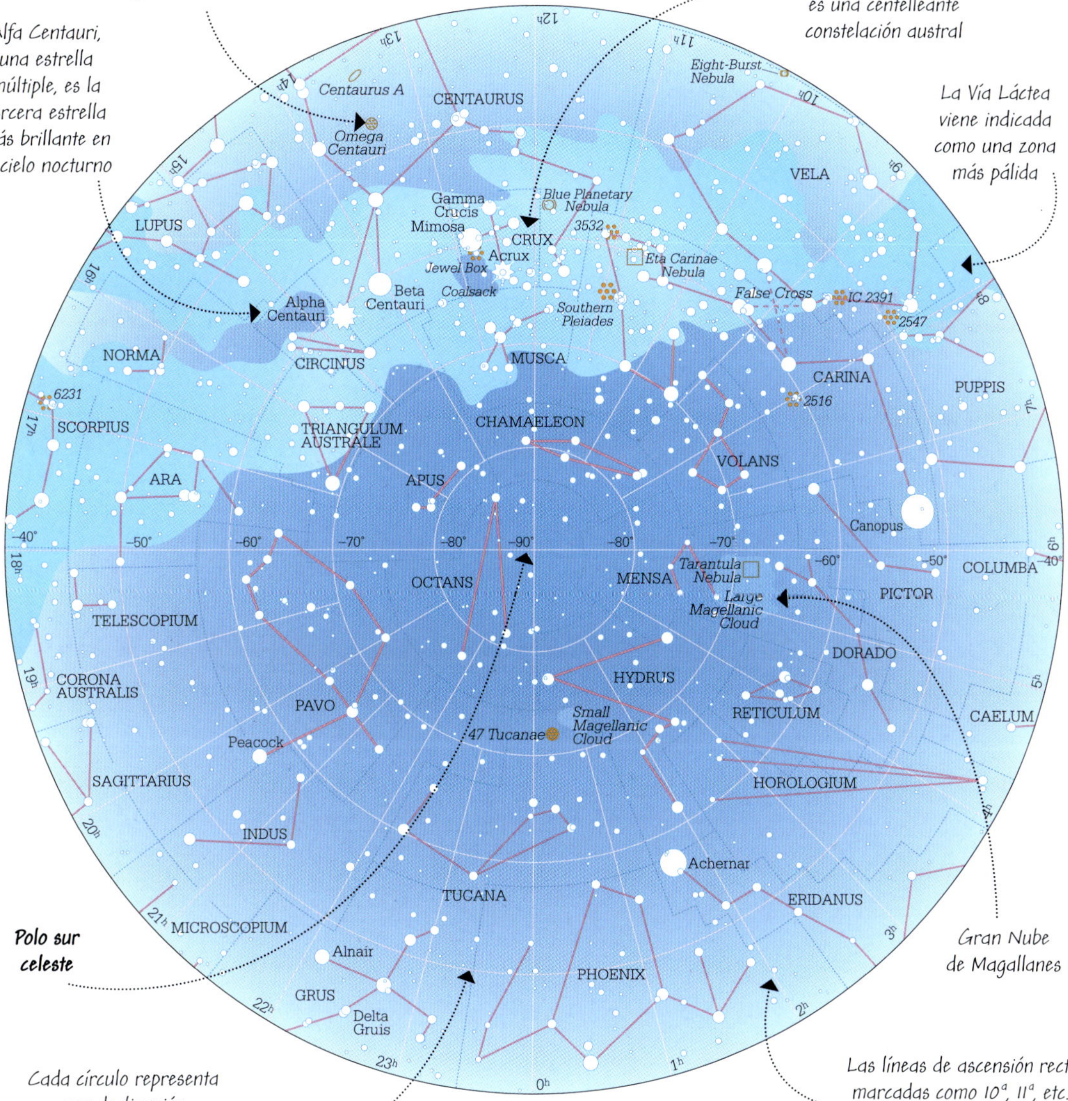

Polo sur celeste

Gran Nube de Magallanes

Cada círculo representa una declinación (-50 °, -60 °, etc), el equivalente celeste de la latitud

Las líneas de ascensión recta marcadas como 10ª, 11ª, etc., son el equivalente celeste de las líneas de longitud

Cielo ecuatorial 1

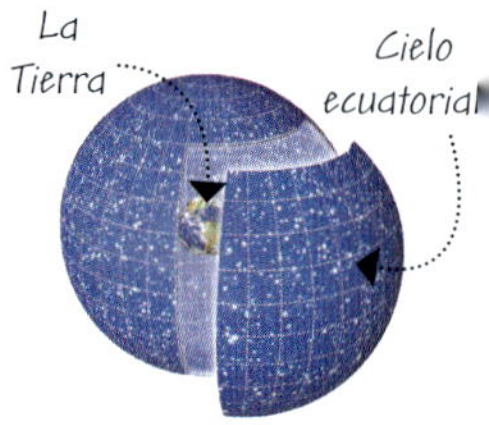

Esta parte del cielo puede verse a principios de la noche desde alrededor de septiembre hasta noviembre, mirando hacia el Sur y por encima de la cabeza del observador desde el hemisferio norte o hacia el Norte (y por encima de la cabeza) desde el hemisferio sur. Alternativamente, puede verse durante la madrugada, mirando en las mismas direcciones, desde alrededor de junio hasta agosto.

Entre los objetos *más destacados figuran el Cuadrante de Pegaso, así como la galaxia de Andrómeda y la Nebulosa de la Hélice que se ven mejor con prismáticos o con un telescopio.*

Clave del mapa estelar

Magnitudes

-1	0	1	2	3	4	5	6

Estrellas dobles · Cúmulo abierto · Nebulosa brillante · Resto de supernova

Estrellas variables · Cúmulo globular · Galaxia · Nebulosa planetaria

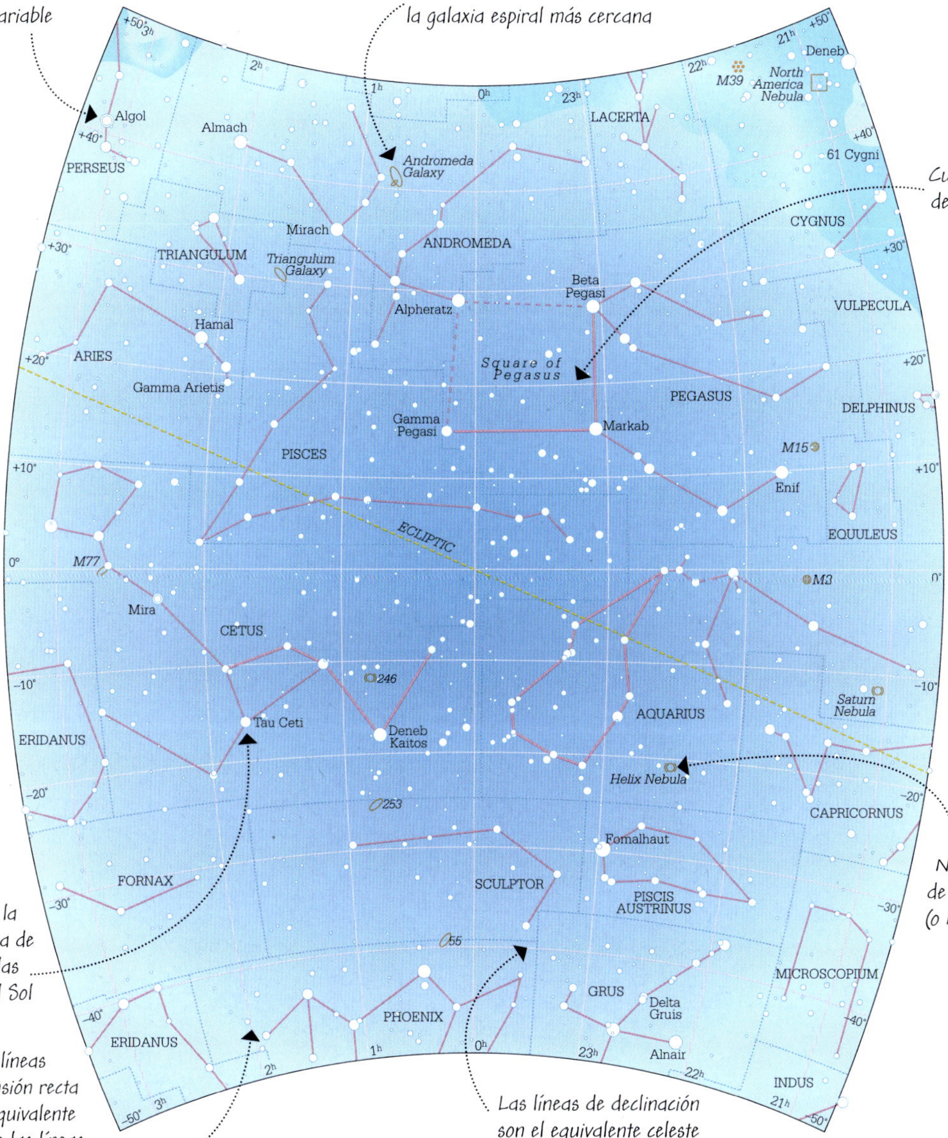

Cielo ecuatorial 2

Esta región del cielo se ve mejor a principios de la noche desde junio hasta agosto, mirando predominantemente hacia el Sur desde el hemisferio norte, o hacia el Norte desde el hemisferio sur. También puede verse de madrugada desde alrededor de marzo hasta mayo. La parte más brillante de la Vía Láctea domina esta parte del cielo nocturno.

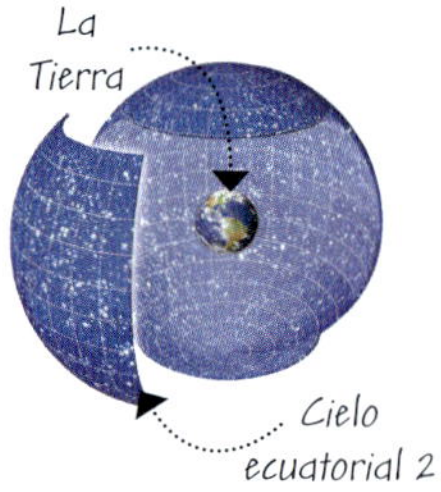

Qué hay que buscar
Entre los objetos más destacados figuran Cygnus y Scorpius, y (con prismáticos o con un telescopio) el Cúmulo globular de Hércules y varios cúmulos estelares en torno a Sagitario.

Clave del mapa estelar

Magnitudes

-1 0 1 2 3 4 5 6

Estrellas dobles · Estrellas variables · Cúmulo abierto · Cúmulo globular · Nebulosa brillante · Galaxia · Resto de supernova · Nebulosa planetaria

Cygnus, el Cisne, tiene una gran forma de cruz en el centro de su figura de constelación

Vega, la quinta estrella más brillante en el cielo de la noche, brilla con una luz blanco azulada pura

Cúmulo globular de Hércules, M13

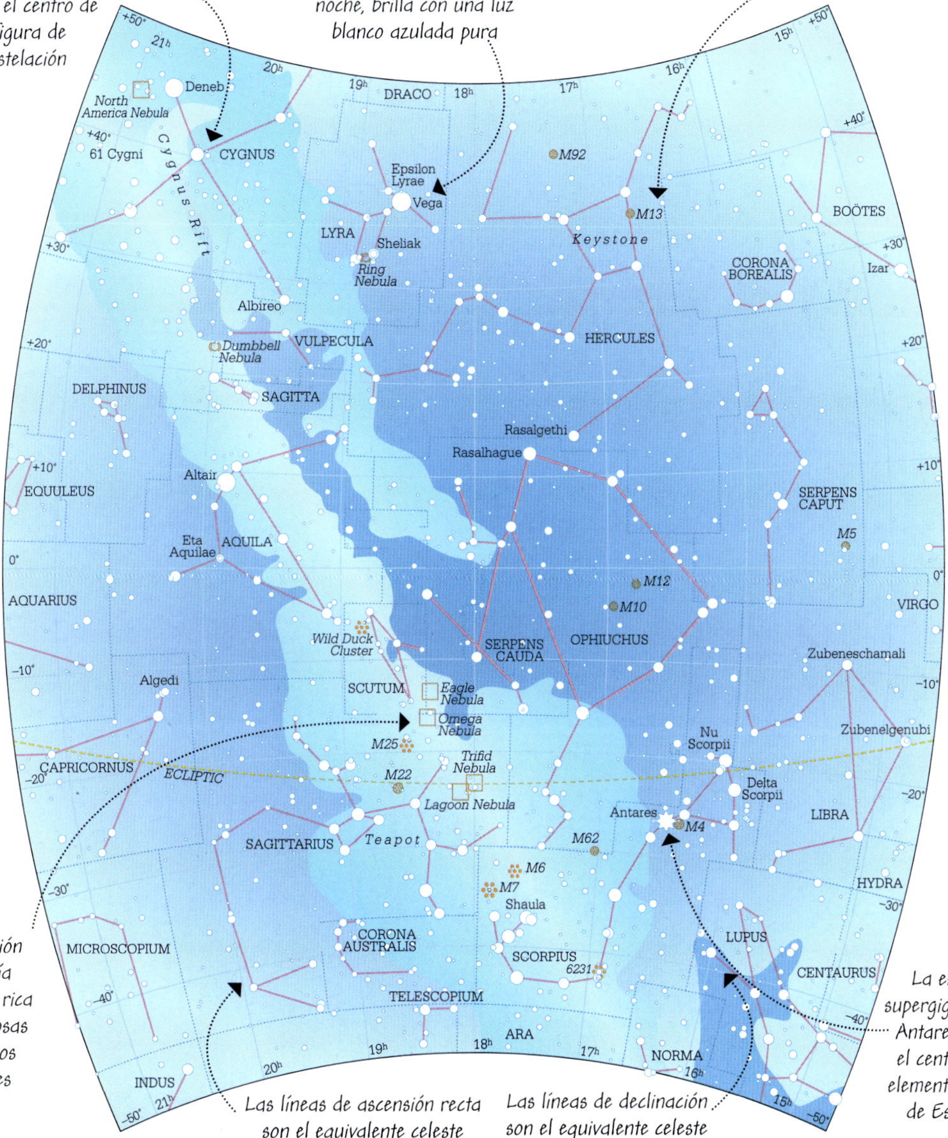

Esta región de la Vía Láctea es rica en nebulosas y cúmulos estelares

Las líneas de ascensión recta son el equivalente celeste de las líneas de longitud

Las líneas de declinación son el equivalente celeste de las líneas de latitud

La estrella supergigante roja Antares forma el centelleante elemento central de Escorpio

Cielo ecuatorial 3

Esta zona del cielo puede verse a principios de la noche desde marzo hasta mayo, mirando principalmente al Sur en el hemisferio norte, o al Norte en el hemisferio sur. También puede verse en las horas posteriores a la medianoche desde diciembre hasta febrero. En este sector del cielo sólo hay algunas estrellas brillantes pero en cambio hay muchos objetos interesantes del cielo profundo.

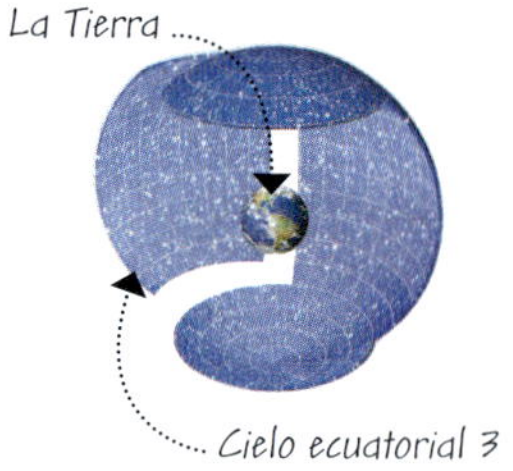

Qué hay que buscar

Entre los objetos más destacados figuran Leo, las estrellas Arturo, Régulo (o Regulus) y Espiga (o Spica), y (con prismáticos o con un telescopio) la Nebulosa del Anillo del Sur (o de los Ocho Estallidos) y la galaxia Molinillo Austral.

Clave del mapa estelar

Magnitudes

-1 0 1 2 3 4 5 6

Estrellas dobles · Estrellas variables · Cúmulo abierto · Cúmulo globular · Nebulosa brillante · Galaxia · Resto de supernova · Nebulosa planetaria

La estrella gigante naranja Arturo es la cuarta más brillante del cielo nocturno

Cúmulo de galaxias de Virgo

El asterismo de la Hoz es una característica disposición de estrellas de Leo

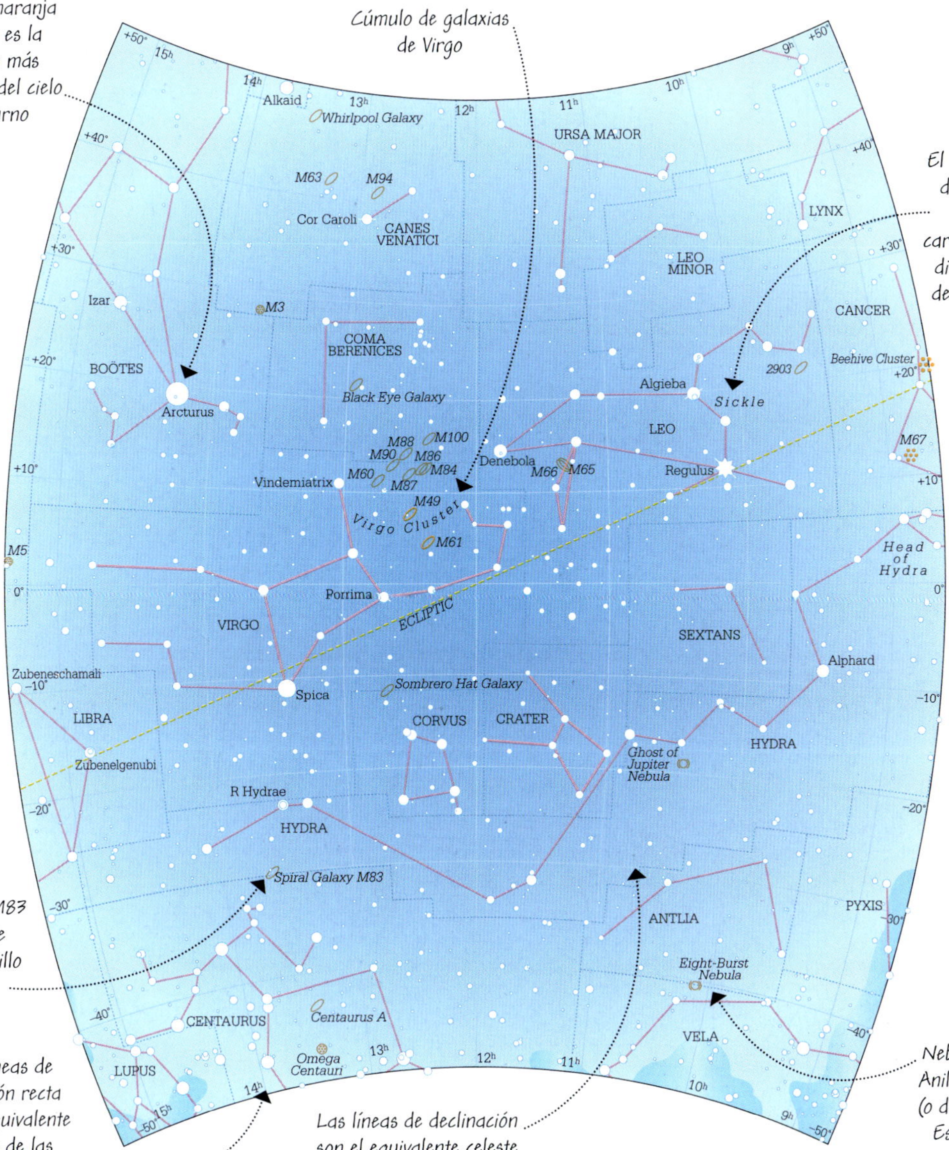

La galaxia M83 también se llama Molinillo Austral

Las líneas de ascensión recta son el equivalente celeste de las líneas de longitud

Las líneas de declinación son el equivalente celeste de las líneas de latitud

Nebulosa del Anillo del Sur (o de los Ocho Estallidos)

Cielo ecuatorial 4

Esta parte del cielo se ve mejor a principios de la noche desde diciembre a febrero, mirando principalmente hacia el Sur en el hemisferio norte, o hacia el Norte en el hemisferio sur. También es visible de madrugada desde septiembre hasta noviembre. Muchas estrellas brillantes y constelaciones prominentes pueden verse en este sector.

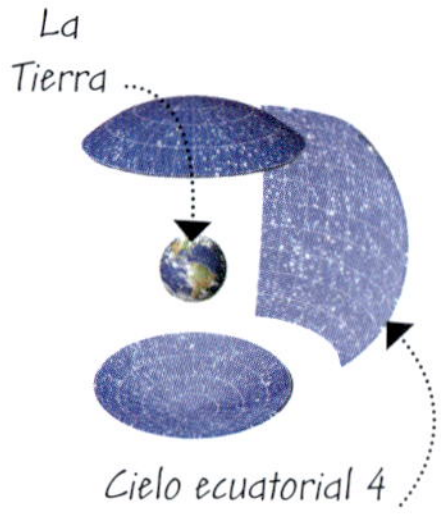

Qué hay que buscar

Entre los objetos más destacados figuran Orión, Tauro y Canis Major (Can Mayor) y con prismáticos o con un telescopio la nebulosa de Orión y los cúmulos de las Pléyades, las Híades y el Pesebre.

Clave del mapa estelar

Magnitudes

-1 0 1 2 3 4 5 6

Estrellas dobles · Estrellas variables · Cúmulo abierto · Cúmulo globular · Nebulosa brillante · Galaxia · Resto de supernova · Nebulosa planetaria

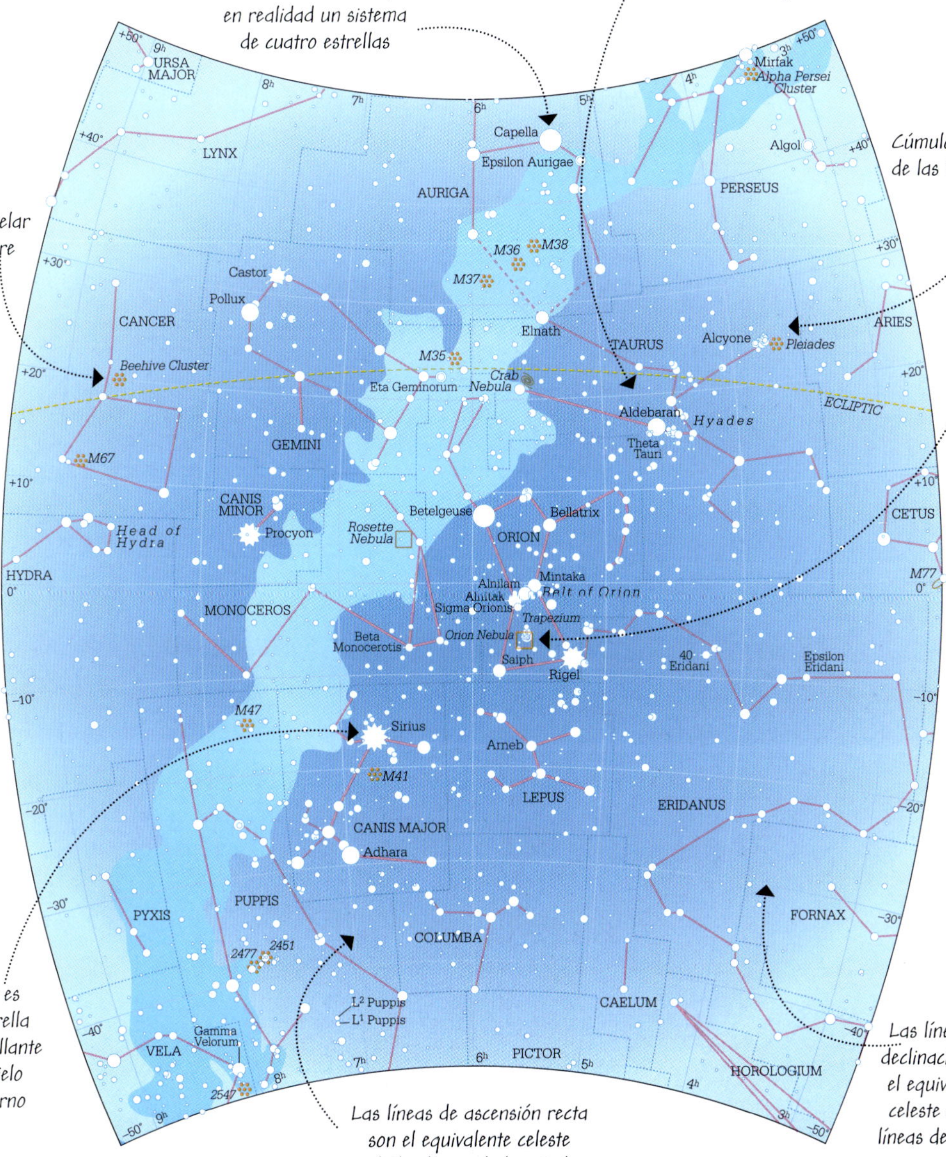

Capella, la sexta estrella más brillante del cielo, es en realidad un sistema de cuatro estrellas

Híades es un gran cúmulo estelar con una distintiva forma de V

Cúmulo estelar de las Pléyades

Cúmulo estelar del Pesebre

Nebulosa de Orión

Sirio es la estrella más brillante del cielo nocturno

Las líneas de ascensión recta son el equivalente celeste de las líneas de longitud

Las líneas de declinación son el equivalente celeste de las líneas de latitud

Índice alfabético

Sobre el autor

Robert Dinwiddie es un escritor científico, editor y educador especializado en astronomía, cosmología, ciencias de la Tierra e historia de la ciencia. Viajero avezado y astrónomo aficionado, ha trabajado en varios medios de comunicación entre ellos libros, revistas y publicaciones electrónicas, incluido el CD-ROM de DK *Eyewitness Encyclopedia of Space and the Universe*, y como co-autor, la enciclopedia astronómica de DK ***Universe and Space***, la guía de la naturaleza *Stars and Planets*, otras enciclopedias científicas de DK como *Earth, Science, Ocean*, o *Violent Earth* y muchos otros libros.

Agradecimientos

Este libro ha sido posible gracias a la ayuda de muchas personas. Merecen un agradecimiento especial:
Ayudante redacción Ben Morgan; **Fotografía** Peter Anderson
Asistente editorial May Corfield;
Diseñadores Prashant Kumar, Clare Marshall;
Ilustradora Vanessa Hamilton; **Indexador** Jane Coulter

Créditos fotográficos

DK reconoce el esfuerzo de todos los astrónomos y astrofotógrafos que con gran entusiasmo han compartido sus imágenes en línea. Los editores agradecen a los siguientes colaboradores la cesión de la reproducción de sus fotografías en este libro:
Claves: a=above/encima, b=below, bottom/abajo, c=centre/centro, f=far/fondo, l=left/izquierda, r=right/derecha, t=top/arriba.

02 Courtesy Jim Misti. 4 NASA: Rocky Raybell (b). **6 ESO:** B.Tafreshi (twanight.org). **7 NASA:** JPL-Caltech/R. Gehrz (University of Minnesota) (cr). **9 NASA:** JPL-Caltech, SDSS (tr). **10 NASA:** Solar & Heliospheric Observatory (l). **13 Dorling Kindersley:** NASA/digitaleye © Jamie Marshall (tr). **14 NASA:** ESA, Buie/Southwest Research Institute (t). **18 NASA:** Rocky Raybell. **19 ESO:** Y. Beletsky (b). **NASA and The Hubble Heritage Team (AURA/STScl):** D. Jewitt (UCLA) (tr). **20 Fraser Gunn:** (tr). **NASA and The Hubble Heritage Team (AURA/STScl):** John Spencer (Lowell Observatory) (tl); L. Sromovsky and P. Fry (University of Wisconsin), H. Hammel (Space Science Institute),K. Rages (SETI Institute) (bl). **NASA:** E. Karkoschka (University of Arizona), and H.B. Hammel (Space Science Institute, Boulder, Colorado) (br). **21 NASA:** ESA, and The Hubble Heritage Team (STScI). **33 David Cortner**. **42 © Australian Astronomical Observatory/David Malin**. **44 Dan Heller Photography. Chris Picking:** (tl, tr). **50 NASA and The Hubble Heritage Team (AURA/STScl):** Hubble SM4 ERO Team. **51 NASA:** STScI Digitized Sky Survey/Noel Carboni (r). **52 NASA and The Hubble Heritage Team (AURA/STScl):** C.R. O'Dell and S.K. Wong (Rice University) (b). **54 ESO:** J.Perez (tl). **55 ESO**. **56 NASA:** ESA, SSC, CXC, and STScI (l). **70 NASA:** JPL (br). **73 NASA:** JPL-Caltech/Harvard-Smithsonian CfA (b). **74 Amir Hossein Abolfath:** (l). **75 Jens Hackmann. 77 Arman Golestaneh. 79 NASA:** JPL-Caltech (b). **82–83 Peter Lawrence**. **86 ESO:** F.Char (br). **87 Mark Humpage. 90–91 Ben Cooper/ LaunchPhotography.com**. **91 Rainbow Symphony Inc:** (tr). **92–93 NASA and The Hubble Heritage Team (AURA/STScl). 96 ESA/Hubble:** (br). **NASA:** (bl). **97 NASA:** JPL/USGS. **101 NASA and The Hubble Heritage Team (AURA/STScl):** (inset). **102 Jean-Charles Cuillandre/Canada-France-Hawaii Telescope Corporation:** (br). **NASA:** F. R. Ferraro (ESO/Bologna Obs.), M. Shara (STSci/AMNH), Hubble Heritage Team (AURA/ STScI/NASA) (bl). **103 Jean-Charles Cuillandre/Canada-France-Hawaii Telescope Corporation.105 Courtesy Jim Misti:** (Inset). **NASA:** JPL-Caltech/UCLA (br). **107 Danny Lee Russell:** (t). **108 ESO:** Gendler, J.E. Ovaldsen & S. Guisard (b). **109 ESO:** (Inset). **112 NASA:** JPL/MSSS (br). **114 Stephen W. Ramsden/www.solarastronomy.org:** (bl). **115 NASA and The Hubble Heritage Team (AURA/STScl):** ESA, M. Robberto (STScIESA). **116 ESO:** (t, br). **NASA:** The Hubble Heritage Team (STScI) (bl). **117 Larry van Vleet. 119 ESO:** (Inset). **120 ESO:** S.Brunier (b). **121 ESO:** (t/Inset). **123 ESO:** INAF-VST/OmegaCAM. (t/Inset). **124 NASA**. **127 David Davison:** (br). **128 Matt Kingsnorth:** (bl). **129 R Gendler:** Robert Gendler. **130 ESO:** (bl). **NASA:** Laurent Drissen, Jean-Rene Roy and Carmelle Robert (Department de Physique and Observatoire du mont Megantic, Universite Laval) (br); ESA and The Hubble Heritage Team (STScI/ AURA) (tl); ESA, and The Hubble Heritage Team (STScIAURA) (tr). **131 NASA:** ESA/John Bahcall (Institute for Advanced Study, Princeton) Mike Disney (University of Wales) (b); The Hubble Heritage Team (STScI) (t). **133 David Ratledge:** (t/Inset). **134 Justin Whitten:** (b). **135 NASA:** JPL-Caltech (t/Inset). **137 ESO:** B.Tafreshi (twanight.org). **138 NASA:** Courtesy of Science/AAAS. **140 Fred Espenak. 141 Philipp Salzgeber:** (b). Doug Zubenel: (t). **142 NASA:** Astronomy Education Services/ Gingin Observatory (bl). **143 ESO:** S. Deiries. **144-145 NASA:** JPL-Caltech/UCLA. **150 NASA**
: JPL-Caltech/Space Science Institute (br). **153 Fraser Gunn: (**tr). **NASA:** NASA Planetary Photojournal (br). **155 Photo courtesy of Bryan Bradley, Babylon, NY, USA:** (cr/Inset). **NASA:** D. Williams, N. A. Sharp, AURA, NOAO, NSF (tl/Inset). **156 NASA and The Hubble Heritage Team (AURA/STScl):** (bl). **Keith Quattrochi:** (br).
157 Gemini Observatory: AURA. **158 NASA:** The Hubble Heritage Team (STScI) (b). **159 ESO:** (cr/Inset). NASA: The Hubble Heritage Team (STScI)/AURA/ESA) (t/Inset). **161 NASA:** Solar & Heliospheric Observatory (br). **162 NASA:** (tl, cr). **163 NASA:** (bl, r). **165 NASA and The Hubble Heritage Team (AURA/STScl):** (cr/Inset). **167 NASA:** JPL-Caltech (br). Robert Vanderbei (t). **169 ESO:** (cr/Inset). **170 Chandra X-Ray Observatory:** NOAO/ CTIO (cl). **171 NASA:** JPL-Caltech/R. Gehrz (University of Minnesota). **172 © Australian Astronomical Observatory/ David Malin:** (bl). **NASA:** JPL-Caltech/UCLA (br). 173 Chandra X-Ray Observatory: NASA/CXC/MIT/UMass Amherst/M.D.Stage et al. **174-175 NASA:** JPL-Caltech/Space Science Institute.

Se han realizado todas las gestiones posibles para localizar a los propietarios intelectuales de las obras. Los editores lamentan cualquier omisión accidental y desearían, en tal caso, mostrar su agradecimiento en futuras ediciones de este libro.